建筑安装工程施工工艺标准系列丛书

屋面工程施工工艺

山西建设投资集团有限公司　组织编写
张太清　霍瑞琴　主编

中国建筑工业出版社

图书在版编目(CIP)数据

屋面工程施工工艺/山西建设投资集团有限公司组织编写. —北京：中国建筑工业出版社，2018.12
(建筑安装工程施工工艺标准系列丛书)
ISBN 978-7-112-22872-0

Ⅰ.①屋… Ⅱ.①山… Ⅲ.①屋面工程-工程施工
Ⅳ.①TU765

中国版本图书馆 CIP 数据核字(2018)第 242804 号

本标准是《建筑安装工程施工工艺标准系列丛书》之一。本标准经调查研究，认真总结工程实践经验，参考国家、行业及地方有关标准规范编写而成。

本标准编制过程中主要参考了《建筑工程施工质量验收统一标准》GB 50300—2013、《屋面工程技术规范》GB 50345—2012、《屋面工程质量验收规范》GB 50207—2012 等标准规范。每章节按引用标准、术语、施工准备、操作工艺、质量标准、成品保护、注意事项、质量记录八个方面进行编写。

本标准可作为屋面工程施工生产操作的技术依据，也可作为编制施工方案和技术交底的依据。在实施工艺标准过程中，若国家标准或行业标准有更新版本时，应按国家或行业现行标准执行。

责任编辑：张　磊
责任校对：王　瑞

建筑安装工程施工工艺标准系列丛书
屋面工程施工工艺
山西建设投资集团有限公司　**组织编写**
张太清　霍瑞琴　**主编**
*
中国建筑工业出版社出版、发行（北京海淀三里河路 9 号）
各地新华书店、建筑书店经销
北京科地亚盟排版公司制版
北京建筑工业印刷厂印刷
*
开本：787×960 毫米　1/16　印张：9½　字数：162 千字
2019 年 2 月第一版　2019 年 11 月第二次印刷
定价：**25.00** 元
ISBN 978 - 7 - 112 - 22872 - 0
(32965)

发布令

为进一步提高山西建设投资集团有限公司的施工技术水平，保证工程质量和安全，规范施工工艺，由集团公司统一策划组织，系统内所有骨干企业共同参与编制，形成了新版《建筑安装工程施工工艺标准》(简称“施工工艺标准”)。

本施工工艺标准是集团公司各企业施工过程中操作工艺的高度凝练，也是多年来施工技术经验的总结和升华，更是集团实现“强基固本，精益求精”管理理念的重要举措。

本施工工艺标准经集团科技专家委员会专家审查通过，现予以发布，自2019年1月1日起执行，集团公司所有工程施工工艺均应严格执行本“施工工艺标准”。

山西建设投资集团有限公司

党委书记：

董事长：

2018年8月1日

序

企业技术标准是企业发展的源泉，也是企业生产、经营、管理的技术依据。随着国家标准体系改革步伐日益加快，企业技术标准在市场竞争中会发挥越来越重要的作用，并将成为其进入市场参与竞争的通行证。

山西建设投资集团有限公司前身为山西建筑工程（集团）总公司，2017 年经改制后更名为山西建设投资集团有限公司。集团公司自成立以来，十分重视企业标准化工作。20 世纪 70 年代就曾编制了《建筑安装工程施工工艺标准》；2001 年国家质量验收规范修订后，集团公司遵循“验评分离，强化验收，完善手段，过程控制”的十六字方针，于 2004 年编制出版了《建筑安装工程施工工艺标准》（土建、安装分册）；2007 年组织修订出版了《地基与基础工程施工工艺标准》、《主体结构工程施工工艺标准》、《建筑装饰装修施工工艺标准》、《建筑屋面工程施工工艺标准》、《建筑电气工程施工工艺标准》、《通风与空调工程施工工艺标准》、《电梯与智能建筑工程施工工艺标准》、《建筑给水排水及采暖工程施工工艺标准》共 8 本标准。

为加强推动企业标准管理体系的实施和持续改进，充分发挥标准化工作在促进企业长远发展中的重要作用，集团公司在 2004 年版及 2007 年版的基础上，组织编制了新版的施工工艺标准，修订后的标准增加到 18 个分册，不仅增加了许多新的施工工艺，而且内容涵盖范围也更加广泛，不仅从多方面对企业施工活动做出了规范性指导，同时也是企业施工活动的重要依据和实施标准。

新版施工工艺标准是集团公司多年来实践经验的总结，凝结了若干代山西建投人的心血，是集团公司技术系统全体员工精心编制、认真总结的成果。在此，我代表集团公司对在本次编制过程中辛勤付出的编著者致以诚挚的谢意。本标准的出版，必将为集团工程标准化体系的建设起到重要推动作用。今后，我们要抓住契机，坚持不懈地开展技术标准体系研究。这既是企业提升管理水平和技术优势的重要载体，也是保证工程质量和安全的工具，更是提高企业经济效益和社会效益的手段。

在本标准编制过程中，得到了住建厅有关领导的大力支持，许多专家也对该标准进行了精心的审定，在此，对以上领导、专家以及编辑、出版人员所付出的辛勤劳动，表示衷心的感谢。

在实施本标准过程中，若有低于国家标准和行业标准之处，应按国家和行业现行标准规范执行。由于编者水平有限，本标准如有不妥之处，恳请大家提出宝贵意见，以便今后修订。

山西建设投资集团有限公司

总经理：

2018 年 8 月 1 日

前　　言

本标准是山西建设投资集团有限公司《建筑安装工程施工工艺标准系列丛书》之一。本书经调查研究，认真总结工程实践经验，参考国家、行业及地方有关标准规范，在2007版基础上经广泛征求意见修订而成。

本标准编制过程中主要参考了《建筑工程施工质量验收统一标准》GB 50300—2013、《屋面工程技术规范》GB 50345—2012、《屋面工程质量验收规范》GB 50207—2012等标准规范。每章节按引用标准、术语、施工准备、操作工艺、质量标准、成品保护、注意事项、质量记录八个方面进行编写。

本标准修订的主要技术内容如下：

1　将本标准章节与现行质量验收规范章节相对应，按屋面工程的子分部工程进行分类，分为基层与保护层、保温与隔热层、屋面防水层、瓦面与板面工程，另将细部构造编写到各分项工程的内容中。

2　取消了部分不常用工艺，如油毡瓦屋面、细石混凝土屋面防水层等。

3　新增了屋面找坡层、屋面隔汽层、屋面隔离层、屋面保护层；屋面聚乙烯丙纶复合防水层、屋面复合防水层；金属面绝热夹芯板屋面、玻璃采光顶屋面。

4　对原标准中的内容进行了扩充，将原标准屋面保温层扩充为屋面板状材料保温层、屋面纤维材料保温层、屋面喷涂硬泡聚氨酯保温层、屋面现浇泡沫混凝土保温层，原标准中平瓦屋面扩充为烧结瓦和混凝土瓦屋面、沥青瓦屋面。

本标准可作为屋面工程施工生产操作的技术依据，也可作为编制施工方案和技术交底的依据。在实施工艺标准过程中，若国家标准或行业标准有更新版本时，应按国家或行业现行标准执行。

本标准在编制过程中，限于技术水平有限，如有不妥之处，恳请提出宝贵意见，以便今后修订完善。随时可将意见反馈至山西建设投资集团有限公司技术中心（太原市新建路9号，邮政编码030002）。

目　录

第1篇　基层与保护层

第1章　屋面找平层

本工艺标准适用于工业与民用建筑屋面的找平层工程。

1　引用标准

《建筑工程施工质量验收统一标准》GB 50300—2013

《屋面工程技术规范》GB 50345—2012

《屋面工程质量验收规范》GB 50207—2012

《通用硅酸盐水泥》GB 175—2007

2　术语（略）

3　施工准备

3.1　作业条件

3.1.1　找平层所用材料的质量、技术要求及砂浆或细石混凝土的配合比，应符合设计要求和施工规范规定。

3.1.2　伸出屋面的管道、设备、预埋件等应在找平层施工前安装牢固。

3.1.3　找平层的基层坡度，应符合设计要求。屋面找平层施工应在结构层或保温层验收合格的基础上进行。

3.1.4　基层采用装配式钢筋混凝土板时，应用C20细石混凝土填缝，板缝应按设计要求增加抗裂的构造措施。

3.1.5　找平层的施工环境气温宜为5～35℃。

3.1.6　雨天、雪天和五级风及以上时不得施工。

3.2　材料及机具

3.2.1　水泥：宜采用普通硅酸盐水泥或矿渣硅酸盐水泥。

3.2.2　砂宜用中砂，含泥量不应大于3%。

3.2.3　石子粒径不宜大于15mm，含泥量不应大于1%。

3.2.4　机具：砂浆搅拌机或混凝土搅拌机、手推车、铁锹、磅秤、铁抹子、水平尺、水平刮杠、压辊等。

4　操作工艺

4.1　工艺流程

基层清理→分格缝弹线→贴饼冲筋→砂浆或混凝土拌制→找平层施工

4.2　基层清理

4.2.1　清理结构层或保温层上面的松散杂物，凸出基层表面的硬物应剔平扫净，凹坑较大时应用水泥砂浆填补抹平。

4.2.2　抹找平层前，当基层为混凝土时，基层应充分洒水湿润，但不得积水；当基层为保温层时，基层不宜大量浇水。

4.2.3　突出屋面的管道、支架等根部，应用细石混凝土固定严密。

4.2.4　基层清理完毕后，在铺抹找平材料前，宜在基层上均匀涂刷素水泥浆一遍。

4.3　分格缝弹线

4.3.1　保温层上找平层应设置分格缝，其纵横缝间距不宜大于6m。

4.3.2　当分格缝采用预留时，应先在保温层上弹出分格线条，再将木质分格条（宽度为20mm）用稠水泥浆沿弹线固定。

4.3.3　当分格线采用后切割时，应先在已完的找平层上弹出分格线条，待砂浆或混凝土强度达到设计强度70%以上时，再将找平层沿弹线进行切割，缝宽宜为5mm。

4.4　贴饼冲筋

4.4.1　根据结构层女儿墙上的0.5m标高线，量出找平层上平标高。

4.4.2　按找平层上平标高沿十字方向拉线贴饼，并用干硬性砂浆冲筋，间距宜为1～1.5m。

4.5　砂浆或混凝土拌制

4.5.1　水泥砂浆或细石混凝土宜采用预拌砂浆或预拌混凝土。

4.5.2　水泥砂浆或细石混凝土搅拌时，应对原材料用量准确计量。

4.5.3 水泥砂浆或细石混凝土应采用机械搅拌。

4.6 找平层施工

4.6.1 按分格块顺流水方向装入砂浆或细石混凝土，用刮杠沿两边冲筋刮平并控制好找平层上平标高。

4.6.2 找平层应在水泥初凝前压实找平，水泥终凝前完成收水后应进行二次压光，并应及时取出分格条。

4.6.3 找平层应在水泥终凝后及时进行保温养护，养护时间不得少于7d。

4.6.4 卷材防水层的基层与突出屋面结构的交接处，以及基层的转角处，找平层应做成圆弧形，且应整齐平顺。

5 质量标准

5.1 主控项目

5.1.1 找平层所用材料的质量及配合比，应符合设计要求。

5.1.2 找平层的排水坡度，应符合设计要求。

5.2 一般项目

5.2.1 找平层应抹平、压光，不得有酥松、起皮现象。

5.2.2 卷材防水层的基层与突出屋面结构的交接处，以及基层的转角处，找平层应做成圆弧形，且应整齐平顺。

5.2.3 找平层分格缝的宽度和间距，均应符合设计要求。

5.2.4 找平层表面平整度的允许偏差为5mm，用2m的靠尺和楔形塞尺检查。

6 成品保护

6.0.1 找平层施工时，应避免损坏保温层或防水层。

6.0.2 水泥砂浆、细石混凝土找平层水泥终凝之前不得上人踩踏。

6.0.3 在抹好的找平层上，推小车运输时应铺垫脚手板，防止损坏找平层。

6.0.4 在施工过程中，屋面水落口应采取临时措施封口，防止杂物进入造成堵塞。

7 注意事项

7.1 应注意的质量问题

7.1.1 找平层的基层采用屋面板时，应采用强度等级不低于C20细石混凝土灌缝或板缝设置构造钢筋，以获得整体性。

7.1.2　整体现浇混凝土板和整体材料（喷涂硬泡聚氨酸或现浇泡沫混凝土）保温层，宜采用水泥砂浆找平层；装配式混凝土板和板状材料保温层，应采用细石混凝土找平层。

7.1.3　找平层应设分格缝，分格缝位置和间距应符合设计要求；找平层与突出屋面结构的交接处和基层转角处应做成圆弧，以免屋面变形而引起找平层开裂。

7.1.4　找平层施工中应注意配合比准确，掌握抹压时间，收水后要二次压光，使表面密实、平整；找平层施工后应及时养护，以免早期脱水而造成酥松、起砂现象。

7.2　应注意的安全问题

7.2.1　高空作业应采取有效防护措施，并提前向工人做安全技术交底。

7.2.2　施工人员应戴安全帽，穿防滑鞋，工作中不得打闹。

7.2.3　屋面上应做好四边和洞口安全防护工作。

7.3　应注意的绿色施工问题

7.3.1　基层表面混凝土硬块及突出物清理产生的噪声、扬尘应有效控制。

7.3.2　基层清理物以及报废的扫帚、钢丝刷等应及时清运至指定的地点。

7.3.3　找平材料的制备，宜采用预拌砂浆或预拌混凝土。

8　质量记录

8.0.1　水泥等原材料出厂合格证、质量检验报告及进场复试报告。

8.0.2　水泥砂浆、细石混凝土施工配合比及计量、拌合记录。

8.0.3　隐蔽工程检查验收记录。

8.0.4　屋面找平层检验批质量验收记录。

8.0.5　屋面找平层分项工程质量验收记录。

第2章　屋面找坡层

本工艺标准适用于工业与民用建筑屋面的找坡层工程。

1　引用标准

《建筑工程施工质量验收统一标准》GB 50300—2013

《屋面工程技术规范》GB 50345—2012

《屋面工程质量验收规范》GB 50207—2012

《通用硅酸盐水泥》GB 175—2007

2　术语（略）

3　施工准备

3.1　作业条件

3.1.1　找坡层所用材料的质量及配合比，应符合设计要求和施工规范规定。

3.1.2　伸出屋面的管道、设备、预埋件等，应在找坡层施工前安装牢固。

3.1.3　屋面找坡层施工，应在结构层或保温层验收合格的基础上进行。

3.1.4　基层采用装配式钢筋混凝土板时，应用C20细石混凝土填缝，板缝应按设计要求增加抗裂的构造措施。

3.1.5　找坡层的施工环境气温宜为5～35℃。

3.1.6　雨天、雪天和五级风及以上时不得施工。

3.2　材料及机具

3.2.1　找坡材宜采用质量轻、吸水率低和有一定强度的材料。通常是将适量水泥净浆与陶粒、焦渣或加气混凝土碎块等拌合而成。

3.2.2　水泥宜采用普通硅酸盐水泥或矿渣硅酸盐水泥。

3.2.3　陶粒的粒径不应小于25mm，堆积密度不宜大于500kg/m^3。

3.2.4　焦砟的粒径宜为5～30mm，不得含有生煤、土块、石块和有机杂质。

3.2.5　机具：混凝土搅拌机、手推车、铁锹、磅秤、铁抹子、铁滚筒、铁锤、錾子、钢丝刷、扫帚、木抹子、木杠、5mm和30mm筛子等。

4　操作工艺

4.1　工艺流程

基层清理→弹线找坡→找坡材料拌制→找坡层施工

4.2　基层清理

4.2.1　清理结构层或保温层上面的松散杂物，凸出基层表面的硬物应剔平扫净，凹坑较大时应用水泥砂浆填补抹平。

4.2.2　抹找平层前，当基层为混凝土时，基层应充分洒水湿润，但不得积水；当基层为保温层时，基层不宜大量浇水。

4.2.3　突出屋面的管道、支架等根部，应用细石混凝土固定严密。

4.3　弹线找坡

4.3.1　根据屋面形式、排水方式、屋面汇水面积等情况，将屋面划分成若干个排水区域，并在结构层或保温层上清晰弹出控制线。

4.3.2　根据结构层女儿墙上的0.5m标高线，量出找坡层上平标高。

4.3.3　按找坡层上平标高并根据屋面排水方向和设计坡度进行找坡。当设计无要求时，材料找坡宜为2%。檐沟、天沟纵向找坡不应小于1%，沟底水落差不得超过200mm。

4.3.4　拉线找坡时，可按找坡层上平标高，沿十字方向拉线，在结构层或保温层上设置若干个标高墩，分区域准确控制屋面坡度。

4.4　找坡材料拌制

4.4.1　找坡材料配合比应符合设计要求。无设计时，找坡材料配合比可采用水泥：轻质骨料＝1∶10（体积比）。

4.4.2　找坡材料拌制时，应采用分次投料搅拌方法，即先将水泥和水投入搅拌筒内进行搅拌，制成均匀的水泥净浆，再加入轻质骨料搅拌均匀后使用。

4.5　找坡层施工

4.5.1　找坡材料铺设时，宜按先远后近、先里后外的施工顺序。并应根据各标高墩的高度用铁锹铺灰，摊铺应分段分层进行，每层虚铺厚度不宜大于150mm。

4.5.2 分段分层铺设后，应用铁锹拍平及用铁滚筒滚压，并以铺设表面出现泛浆为度，随即用刮杠找坡、找平。在辊压过程中，应及时调整坡度和平整度。

4.5.3 对墙根和水落口、管根等周围不易滚压处，应用铁抹子拍打平实，并根据需要做出圆弧。

4.5.4 按设计规定找坡层最薄处厚度不宜小于 20mm，在找坡起始点 1m 范围内，可采用 1∶2.5 水泥砂浆完成。

4.5.5 找坡层完工后，应检查其坡度和平整度，并应适时浇水养护，养护时间不得少于 3d。

5 质量标准

5.1 主控项目

5.1.1 找坡层所用材料的质量及配合比，应符合设计要求。

5.1.2 找坡层的排水坡度，应符合设计要求。

5.2 一般项目

找坡层表面平整度的允许偏差为 7mm，用 2m 的靠尺和楔形塞尺检查。

6 成品保护

6.0.1 找坡层施工时，应避免损坏保温层或防水层。

6.0.2 在铺好的找坡层上，推小车运输时应铺垫脚手板，防止损坏找坡层。

6.0.3 施工完的找坡层应注意养护，常温 3d 后方能进行面层施工。

6.0.4 在施工过程中，屋面水落口应采取临时措施封口，防止杂物进入造成堵塞。

7 注意事项

7.1 应注意的质量问题

7.1.1 焦渣内不得含有机杂质和未燃尽的煤、石灰石或含有遇水能膨胀分解的物质。焦渣闷水必须闷透，时间不得少于 5d。

7.1.2　找坡层的排水坡度应符合设计要求。找坡层施工前，应在基层上适当划分排水区域，保证排水路线正确。

7.1.3　搅拌过程计量应准确，保证其配制强度，找坡材料应采用机械搅拌，并应配备计量装置；搅拌时间应充分，保证拌和料出机时搅拌均匀，和易性好。

7.1.4　找坡材料应分层铺设和适当压实，表面宜平整和粗糙。

7.2　应注意的安全问题

7.2.1　高空作业应采取有效防护措施，并提前向工人做安全技术交底。

7.2.2　施工人员应戴安全帽，穿防滑鞋，工作中不得打闹。

7.2.3　屋面上应做好四边和洞口安全防护工作。

7.3　应注意的绿色施工问题

7.3.1　基层表面混凝土硬块及突出物清理产生的噪声、扬尘应有效控制。

7.3.2　基层清理物以及报废的扫帚、钢丝刷等应及时清运至指定的地点。

7.3.3　找坡材料的制备宜采用预拌混凝土或按预拌混凝土的技术要求集中搅拌。

8　质量记录

8.0.1　水泥等原材料出厂合格证、质量检验报告及进场复试报告。

8.0.2　陶粒、焦渣、加气混凝土碎块等轻骨料混凝土的施工配合比。

8.0.3　隐蔽工程检查验收记录。

8.0.4　屋面找坡层检验批质量验收记录。

8.0.5　屋面找坡层分项工程质量验收记录。

第3章　屋面隔汽层

本工艺标准适用于工业与民用建筑屋面的隔汽层工程的施工。

1　引用标准

《建筑工程施工质量验收统一标准》GB 50300—2013

《屋面工程技术规范》GB 50345—2012

《屋面工程质量验收规范》GB 50207—2012

《聚氨酯防水涂料》GB/T 19250—2013

《聚合物水泥防水涂料》GB/T 23445—2009

《水乳型沥青防水涂料》JC/T 408—2005

《聚合物乳液建筑防水涂料》JC/T 864—2008

《聚氯乙烯（PVC）防水卷材》GB 12952—2011

《氯化聚乙烯防水卷材》GB 12953—2003

《高分子防水材料　第1部分：片材》GB 18173.1—2012

《高分子防水卷材胶粘剂》JC/T 863—2011

2　术语

2.0.1　隔汽层：阻止室内水蒸气渗透到保温层内的构造层。

3　施工准备

3.1　作业条件

3.1.1　施工前应编制施工方案或技术措施。

3.1.2　基层应坚实、平整、干净、干燥，不得有酥松、起砂、起皮等情况，并按设计要求铺设隔汽层。

3.1.3　基层和突出屋面结构连接部位以及基层转角处均应做成圆弧形。

3.1.4　施工前，应将伸出屋面的管道、设备及预埋件安装完毕。

3.1.5　涂膜隔汽层施工前，必须根据设计要求试验确定每道涂膜的涂布厚度和遍数。

3.1.6　对进场的防水材料进行抽样复检。

3.1.7　防水施工人员应经过理论与实际施工操作的培训，并持上岗证。

3.2　材料及机具

3.2.1　隔汽层材料：合成高分子防水卷材、改性沥青防水卷材，聚氨酯防水涂料、聚合物水泥防水涂料、水乳型沥青防水涂料、溶剂型橡胶沥青防水涂料、聚合物乳液建筑防水涂料等，气密性和水密性要符合要求。

3.2.2　辅助材料：胶粘剂、基层处理剂。

3.2.3　机具：电动搅拌器、嵌缝挤压枪、搅拌桶、小铁桶、小平铲、塑料或橡胶刮板、压辊、长把滚刷、毛刷、小抹子、扫帚、磅秤等。

4　操作工艺

4.1　工艺流程

基层清理 → 管道根部固定 → 隔汽层施工

4.2　基层清理

4.2.1　清理基层表面的杂物和灰尘，基层做到平整、坚实、清洁、干燥、无空隙、无凹凸形、尖锐颗粒。

4.2.2　结构基层表面的凹坑、裂缝应用水泥砂浆修补平整。

4.3　管道根部固定

突出屋面的管道、支架等根部，应用细石混凝土固定严密。

4.4　隔汽层施工

4.4.1　卷材隔汽层

1　按设计要求及卷材铺贴方向、搭接宽度放线定位，并在基层弹线进行试铺。

2　将 $1m^2$ 卷材平坦地干铺在找平层上，静置 3～4h 后掀开检查，找平层覆盖部位与卷材上未见水印，即可铺设卷材隔汽层。

3　隔汽层的卷材宜采用空铺，卷材搭接缝应满粘。

4　将卷材铺在基层上并对准铺贴位置线。铺贴多跨和高低屋面时，应先远后近，先高跨后低跨。由低到高，搭接缝应顺流水方向。

5　屋面坡度大于 25％时，卷材应采取满粘和钉压固定措施。卷材宜平行屋脊铺贴，上下层卷材不得相互垂直铺贴。平行屋脊的卷材搭接缝应顺流水方向。

6 立面或大坡面铺贴高聚物改性沥青防水卷材时，应采用满粘法，其搭接宽度不应小于80mm，并宜减少短边搭接。同一层相邻两幅卷材短边搭接缝错开不应小于500mm；上下层卷材长边搭接缝错开，且不得小于幅宽的1/3。

7 在屋面与墙的连接处，隔汽层应沿墙面向上连续铺设高出保温层上表面不得小于150mm。

4.4.2 涂膜隔汽层

1 基层表面尘土、杂物清理干净并应干燥。部分水乳型涂料允许在潮湿基层上施工，基层必须无明水。

2 基层清理洁净后，即可满涂一道基层处理剂，可用刷子用力薄涂，使基层处理剂进入毛细孔和微缝中，也可用机械喷涂。涂刷均匀一致，不漏底。

3 按设计和防水细部构造要求，在天沟、檐沟与屋面交接处、女儿墙、变形缝两侧墙体根部等易开裂的部位，铺设一层或多层带有胎体增强材料的附加层，应达到密封严密。

4 双组分涂料必须规定的配合比准备计量，搅拌均匀，已配成的双组分涂料必须在规定的时间内用完。

4.4.3 涂刷隔汽层

1 确保防水层与基层粘结牢固，确保防水层厚度达到规范及设计要求。涂膜防水层必须由两层以上涂层组成，每一涂层应刷2遍到3遍，涂刷均匀，达到分层施工，多道薄涂，总厚度必须达到设计要求。

2 穿过隔汽层的管线周围应封严，转角处应无折损，隔汽层凡有缺陷或破损的部位，均应进行返修。

3 涂膜防水层应先高后低，先远后近，先涂布里面后涂布平面，先涂布排水比较集中的水落口、天沟、檐口等节点部位，再往上涂屋脊、天窗等。

4 纯涂层涂布一般由屋面标高最低处顺脊方向施工，根据设计厚度，分层分遍涂布，待先涂涂层干燥成膜后，方可涂布后一道涂布层。

5 质量标准

5.1 主控项目

5.1.1 隔汽层所用材料的质量，应符合设计要求。

5.1.2 隔汽层不得有破损现象。

5.2 一般项目

5.2.1 卷材隔汽层应铺设平整，卷材搭接缝应粘结牢固，密封应严密，不得有扭曲、皱折和起泡等缺陷。

5.2.2 涂膜隔汽层应粘结牢固，表面平整，涂布均匀，不得有堆积、起泡和露底等缺陷。

6 成品保护

6.0.1 穿过屋面的管道和设施，应在防水层施工以前进行。防水层施工后，不得在屋面上进行其他工种的施工。如必须上人，应采取有效措施防止涂膜受损。

6.0.2 低跨屋面在易受雨水冲刷的部位，应有接水设施或加铺1～2层卷材。

6.0.3 防水层施工时应采取保护檐口和墙面的措施，防止污染。

6.0.4 屋面工程施工完后，应将杂物清理干净，保证水落口畅通，不得使天沟积水。

6.0.5 防水层应经常检查，发现鼓泡和渗漏应及时治理。

6.0.6 涂膜防水层施工进行中或施工完后，均应对已做好的涂膜防水层加以保护和养护，养护期一般不得少于7d，养护期间不得上人行走，更不得进行任何作业或堆放物料。

7 注意事项

7.1 应注意的质量问题

7.1.1 隔汽层做法同防水层，隔汽层应沿周边墙面向上连续铺设，高出保温层上表面不得小于150mm，隔汽层收边不需要与保温层上的防水层连接。

7.1.2 隔汽层是隔绝室内湿气通过结构层进入保温层的构造层，防水卷材或防水涂料的气密性和水密性一定要好。

7.1.3 施工操作中应按程序弹标准线，使与卷材规格相符，操作中齐线铺贴。防止接头搭接形式以及长边、短边的搭接宽度偏小，接头处的粘结不密实，接槎损坏、空鼓形成的卷材搭接不良。

7.1.4 双组分或多组分防水涂料配比应准确，搅拌应均匀，掌握适当的稠度、黏度和固化时间，以保证涂刷质量。操作时必须精心。对于不同组分的容器、取料勺、搅拌棒等不得混用，以免产生凝胶。

7.1.5 涂膜应多遍完成，涂刷应在前遍涂层干燥成膜后进行。如发现涂膜层有破损或不合格之处，应用小刀将其割掉，重新分层涂刷防水涂料。

7.1.6 涂膜施工前，应根据设计要求的厚度，试验确定每平方米涂料用量以及每个涂层需要涂刷的遍数。

7.2 应注意的安全问题

7.2.1 作业现场应健全防火制度，完善消防设施，消除火灾隐患，杜绝火灾发生，易燃材料应有专人保存管理。

7.2.2 高空作业要采取安全防护措施，防止人、物高空坠落。

7.2.3 垂直上料平台应设防护栏杆，人工提升应设拉牵绳，重物下方10m半径范围内严禁站人。

7.3 应注意的绿色施工问题

7.3.1 基层表面砂浆硬块及突出物清理产生的噪声、扬尘应有效控制；报废的扫帚、砂纸、钢丝刷、防水和密封材料包装物等应及时清理。

7.3.2 胶粘剂、基层处理剂应用密封桶包装，防止挥发、遗洒；防水材料应储存在阴凉通风的室内，避免雨淋、日晒和受潮变质，并远离火源、热源。

7.3.3 防水材料的边角料应回收处理。

8 质量记录

8.0.1 隔汽层材料及辅助材料出厂合格证、质量检验报告及进场检验报告。

8.0.2 屋面隔汽层检验批质量验收记录。

8.0.3 屋面隔汽层分项工程质量验收记录。

第4章 屋面隔离层

本工艺标准适用于工业与民用建筑屋面的隔离层工程。

1 引用标准

《建筑工程施工质量验收统一标准》GB 50300—2013

《屋面工程技术规范》GB 50345—2012

《屋面工程质量验收规范》GB 50207—2012

《建筑地面工程施工质量验收规范》GB 50209—2010

《通用硅酸盐水泥》GB 175—2007

2 术语

2.0.1 隔离层：消除相邻两种材料之间的粘结力、机械咬合力、化学反应等不利影响的构造层。

3 施工准备

3.1 作业条件

3.1.1 施工前应编制施工方案或技术措施。

3.1.2 施工完的防水层已进行隐蔽工程验收，并完成雨后观察或淋水、蓄水试验，验收合格，办理交接验收手续。

3.1.3 低强度等级砂浆施工宜为5～35℃，干铺塑料膜、土工布、卷材可在负温下施工。

3.1.4 雨天、雪天和五级风及以上时不得施工。

3.2 材料及机具

3.2.1 塑料膜、土工布、卷材贮运时，应防止日晒、雨淋、重压；保管时，应保证室内干燥、通风，保管环境应远离火源、热源。

3.2.2　塑料膜、土工布、卷材的品种、规格和质量，应符合设计要求和相关材料标准，提供合格证和出厂检验报告。

3.2.3　商品砂浆进场时，应提供质量证明文件，包括产品出厂合格证、原材料性能检验报告、配合比、产品性能检验报告、储存期等。

3.2.4　隔离层材料的技术要求：

1　塑料膜宜采用 0.2mm 厚聚乙烯薄膜或 3mm 厚发泡聚乙烯膜。

2　土工布宜采用 200g/m^2 聚酸无纺布。

3　卷材宜采用石油沥青卷材一层。

4　低强度等级砂浆宜采用 10mm 厚黏土砂浆，石灰砂浆或掺有纤维的石灰砂浆。

5　原则上，隔离层优先选用塑料膜、土工布、卷材。

3.2.5　机具：

1　机械设备：砂浆输送泵等。

2　主要工具：钢卷尺、剪刀、刮尺、分格条、铁抹子、刮板、木抹子、刮杠、水平尺、扫帚等。

4　操作工艺

4.1　工艺流程

基层清理→隔离层施工

4.2　基层清理

4.2.1　隔离层施工前，应清理防水层或保温层上的杂物、灰尘和明水。

4.3　隔离层施工

4.3.1　隔离层铺设不得有破损和漏铺现象。

4.3.2　干铺塑料膜、土工布、卷材时，其搭接宽度不应小于 50mm，铺设应平整，不得有皱折。

4.3.3　低强度砂浆铺设时，其表面应平整、压实，不得有起壳和起砂现象。

4.3.4　塑料膜、土工布、卷材隔离层施工应符合下列规定：

1　根据现场情况，确定塑料膜或土工布隔离层尺寸，裁剪后予以试铺，裁剪尺寸应准确。

2　干铺塑料膜、土工布、卷材时，铺设应平整，不得有皱折。

3 土工布必须重叠最少150mm。最小缝针距离织边至少是25mm。缝好的土工布接缝最低包括1行有线锁口链形缝法。用于缝合的线应为最小张力超过60N的树脂材料，任何在缝好的土工布上的"漏针"必须在受到影响的地方重新缝接。避免土壤、颗粒物质、外来物质进入土工布层。

4.3.5 低强度等级商品砂浆隔离层施工应符合下列规定：

1 防水层验收合格，表面尘土、杂物清理干净并干燥。

2 根据弹好的控制线，顺排水方向拉线冲筋，冲筋的间距为1.5mm。

3 在基层上分仓均匀地扫素水泥浆一遍，随扫随铺水泥砂浆，砂浆的稠度应控制在70mm左右，用刮杠沿两边冲筋标高刮平，木抹子搓平，提出水泥浆。

4 砂浆铺抹稍干后，用铁抹子压实二遍成活。头遍拉平、压实，使砂浆均匀密实；待浮水沉失，人踩上去有脚印但不下陷时，再用抹子压第二遍，将表面压实，不得漏压，不得有起壳和起砂等现象，切记在水泥终凝后压光。

5 常温下砂浆找平层或细石混凝土找平层找平压实在终凝后开始浇水（12h后），养护时间一般不少于7d。

5 质量标准

5.1 主控项目

5.1.1 隔离层所用材料的质量及配合比，应符合设计要求。

5.1.2 隔离层不得有破损和漏铺现象。

5.2 一般项目

5.2.1 塑料膜、土工布、卷材应铺设平整，其搭接宽度不应小于50mm，不得有皱折。

5.2.2 低强度等级的砂浆隔离层表面应压实、平整，不得有起壳、起砂现象。

5.2.3 隔离层的允许偏差和检验方法应符合表4-1的规定。

隔离层的允许偏差和检验方法　　表4-1

项目	允许偏差（mm）	检验方法
	塑料膜、土工布、卷材	
搭接宽度	不应小于50mm	观察和尺量检查

6　成品保护

6.0.1　施工人员不得穿有钉的或硬底鞋；运输材料时，卸料材料时应轻拿轻放。

6.0.2　施工过程中产生的垃圾应及时清理，避免堵塞孔洞。

6.0.3　施工过程中注意成品保护，防止污染及碰损。

6.0.4　在施工过程中，屋面水落口应采取临时措施封口，防止杂物进入造成堵塞。

7　注意事项

7.1　应注意的质量问题

7.1.1　屋面隔离层材料的品种、规格、性能应符合设计要求。

7.1.2　常温下砂浆找平层或细石混凝土找平层抹平压实在终凝后开始浇水（12h 后），养护时间不得少于 7d。

7.1.3　屋面隔离层材料的品种、规格、性能应符合设计要求。设计无要求时，原则上，隔离层优选选用塑料膜、土工布、卷材。

7.1.4　隔离层应做到保护层与防水层或保温层完全隔离，对隔离层破损或漏铺部位应及时修复。

7.2　应注意的安全问题

7.2.1　高空作业应采取有效防护措施，并提前向工人做安全技术交底。

7.2.2　施工人员应戴安全帽，穿防滑鞋，工作中不得打闹。

7.2.3　屋面上应做好四边和洞口安全防护工作。

7.3　应注意的绿色施工问题

7.3.1　基层表面混凝土硬块及突出物清理产生的噪声、扬尘应有效控制。

7.3.2　基层清理物以及报废的扫帚、钢丝刷等应及时清运至指定的地点。

8　质量记录

8.0.1　塑料膜等原材料出厂合格证、质量检验报告及进场复试报告。

8.0.2 商品砂浆进场时，应提供质量证明文件，进行外观检验。

8.0.3 隐蔽工程检查验收记录。

8.0.4 屋面隔离层检验批质量验收记录。

8.0.5 屋面隔离层分项工程质量验收记录。

第5章 屋面保护层

本工艺标准适用于工业与民用建筑屋面的保护层工程。

1 引用标准

《建筑工程施工质量验收统一标准》GB 50300—2013

《屋面工程技术规范》GB 50345—2012

《屋面工程质量验收规范》GB 50207—2012

《建筑地面工程施工质量验收规范》GB 50209—2010

《通用硅酸盐水泥》GB 175—2007

2 术语

2.0.1 保护层：对防水层、保温层其防护作用的构造层。

3 施工准备

3.1 作业条件

3.1.1 施工前应编制施工方案或技术措施。

3.1.2 保护层铺设前，卷材或涂膜防水层及细部构造的施工已通过检查验收，质量符合设计和规范规定，并经雨后或淋水、蓄水检验合格。

3.1.3 块体材料水泥砂浆或细石混凝土保护层与防水层之间应设置隔离层。

3.1.4 倒置式屋面的保护层施工，应在保温层验收合格的基础上进行。

3.1.5 根据设计要求，提出水泥砂浆或细石混凝土的施工配合比。

3.1.6 水泥砂浆、细石混凝土保护层及低强度等级砂浆隔离层的施工环境气温宜为5～35℃；浅色涂料保护层的施工环境温度不宜低于5℃；块体材料干铺不宜低于－5℃，湿铺不宜低于5℃。

3.1.7 雨天、雪天和五级风及以上时不得施工。

3.2　材料及机具

3.2.1　水泥砂浆和细石混凝土所用水泥：宜采用普通硅酸盐水泥或矿渣硅酸盐水泥；砂宜用中砂，含泥量不应大于3%；石子的粒径不宜大于15mm，含泥量不应大于1%。

3.2.2　块体材料的品种、规格和质量，应符合设计要求和相关材料标准。

3.2.3　浅色涂料应与底层材性相容、宜采用丙烯酸系反射涂料。

3.2.4　保护层材料的技术要求：

1　块体材料干铺不宜低于-5℃，湿铺不宜低于5℃。

2　水泥砂浆及细石混凝土宜为5～35℃。

3　浅色涂料不宜低于5℃。

4　保护层优先选用细石混凝土、水泥砂浆、块体材料。

3.2.5　机具：

1　块体材料铺砌：卷尺、铁抹子、铁皮抹子、勾缝小压子、胶皮锤、木杠、铁铲、灰桶、灰浆搅拌设备等。

2　水泥砂浆或细石混凝土施工：体积计量容器、砂浆搅拌机或混凝土搅拌机、磅秤、运输小车、压辊、铁铲、3mm筛、分格缝条、刮杠、木抹子、铁抹子、挂线等。

3　浅色、涂料涂刷：开桶器、电动搅拌器、拌料桶、磅秤、小油漆桶、油漆刷、圆滚刷、笤帚、防毒口罩等。

4　操作工艺

4.1　工艺流程

基层清理 → 保护层施工

4.2　基层清理

4.2.1　保护层施工前，应清理防水层或保温层上的杂物、灰尘和明水。

4.2.2　水泥砂浆或细石混凝土施工前，表面干燥的隔离层应洒水湿润，洒水后不得留有积水。

4.3　保护层施工

4.3.1　块体材料、水泥砂浆或细石混凝土保护层与女儿墙或山墙之间，应预留宽度为30mm的缝隙，缝内宜填塞聚苯乙烯泡沫塑料，并应用密封材料嵌填密实。

4.3.2 块体材料保护层施工应符合下列规定：

1 块体材料铺砌前作好分格布置、找平或找坡标准块，挂线铺砌操作，使块体布置横平竖直、缝口宽窄一致、表面平整、排水坡度正确。

2 块体材料保护层宜设置分格缝，分格缝纵横间距不应大于10m，分格缝宽度宜为20mm，并应用密封材料嵌填密实。

3 用砂作结合层铺砌时，应铺砂洒水并压实、刮平结合砂层，按挂线铺摆块体并拍实、块体间应预留10mm的缝隙，缝内应用砂填充并压实到板厚的一半高，湿润缝口并用1∶2水泥砂浆将接缝勾成凹缝。

4 用水泥砂浆作结合层铺砌时，先用1∶4水泥砂浆找平，厚度不宜小于20mm，当找平的砂浆强度达到1.2MPa时，弹铺砌控制线。结合砂浆宜采用1∶2～1∶2.5干硬性水泥砂浆，按挂线摆铺块体并挤压结合砂浆，块体间应预留10mm的缝隙，缝内应用砂浆勾成凹缝。块体表面应洁净、色泽一致，应无裂纹、掉角和缺楞等缺陷。

4.3.3 水泥砂浆保护层施工应符合下列规定：

1 铺设水泥砂浆保护层时应按保护层厚度和屋面坡度做贴饼和冲筋，冲筋间铺抹1∶2.5水泥砂浆，用铁辊滚压或人工拍打密度，再用刮杠沿两边冲筋刮平，用木抹子搓平，用铁抹子第一遍压光；待砂浆初凝后，即人踩上去有脚印但不下陷时，用铁抹子第二遍压光；待砂浆终凝前，即人上去稍有脚印而铁抹子抹压无抹痕时，用铁抹子第三遍压光。

2 水泥砂浆保护层应设表面分格缝，分格面积宜为1m^2。表面分格缝宜设置V形缝。在第一遍压光后，在面层上弹分格缝线，即用劈缝溜子压缝，再用溜子将分缝内压至平、直、光；在第二遍压光后，应用劈缝溜子溜压，做到缝边光直，缝内光滑顺直；在第三遍压光后，应再用劈缝溜子溜压一遍。

3 水泥砂浆保护层完成后，应及时进行保温养护，养护时间不得少于7d。

4.3.4 细石混凝土保护层施工应符合下列规定：

1 细石混凝土浇筑前先找标准块，固定木枋作分格，然后摊铺细石混凝土，用铁辊滚压或人工拍打密实，刮尺找坡、刮平，初凝前用木抹子提浆搓平和铁抹子压光，初凝后用铁抹子2次压光。

2 细石混凝土保护层应设分格缝，分格缝纵横间距不应大于6m，分格缝宽度宜为20mm。并应用密封材料嵌填。

3 一个分格内的细石混凝土宜一次连续完成，表面应抹平压光，不得有裂纹、脱皮、麻面和起砂等缺陷。

4 细石混凝土初凝后应及时取出分格缝木条，修整好缝边，终凝前用铁抹子压光。

5 细石混凝土保护层完成后应及时进行保湿养护，养护时间不应少于 7d。

4.3.5 浅色涂料保护层施工应符合下列规定：

1 浅色涂料应与防水层或保温层材料相容，材料用量应根据产品说明书的规定使用。

2 浅色涂料应多遍涂刷，涂层表面应平整，不得流淌和堆积。

3 浅色涂料应与防水层或保温层粘结牢固，厚薄应均匀，不得漏涂。

5 质量标准

5.1 主控项目

5.1.1 保护层所用材料的质量及配合比，应符合设计要求。

5.1.2 块体材料、水泥砂浆或细石混凝土保护层的强度等级，应符合设计要求。

5.1.3 保护层的排水坡度，应符合设计要求。

5.2 一般项目

5.2.1 块体材料保护层表面应干净，接缝应平整，周边应顺直，镶嵌应正确，应无空鼓现象。

5.2.2 水泥砂浆、细石混凝土保护层不得有裂纹、脱皮、麻面和起砂等现象。

5.2.3 浅色涂料应与防水层粘结牢固，厚薄均匀，不得漏涂。

5.2.4 保护层的允许偏差和检验方法应符合表 5-1 的规定。

保护层的允许偏差和检验方法 **表 5-1**

项目	允许偏差（mm）			检验方法
	块体材料	水泥砂浆	细石混凝土	
表面平整度	4.0	4.0	5.0	2m 靠尺和塞尺检查
缝格平直	3.0	3.0	3.0	拉线和尺量检查
接缝高低差	1.5	—	—	直尺和塞尺检查
板块间隙宽度	2.0	—	—	尺量检查
保护层厚度	设计厚度的 10%，且不得大于 5mm			钢针插入和尺量检查

6 成品保护

6.0.1 保护层施工时，应避免损坏保温层或防水层。

6.0.2 水泥砂浆、细石混凝土表面抹压过程中，禁止非操作人员进入养护期间，不准堆压重物。

6.0.3 不得在已做好的保护层上拌合混合物，在砂浆或混凝土强度未达到5MPa时，不得在面层上直接堆放物品。

6.0.4 在施工过程中，屋面水落口应采取临时措施封口，防止杂物进入造成堵塞。

7 注意事项

7.1 应注意的质量问题

7.1.1 屋面保护层材料的品种、规格、性能应符合设计要求，设计无要求时，不上人屋面宜采用水泥砂浆保护层或浅色涂料保护层；上人屋面应采用块体材料或细石混凝土保护层。

7.1.2 块体材料、水泥砂浆或细石混凝土等刚性保护层，应在保护层与山墙、女儿墙的交接处预留宽度为30mm的缝隙，缝内应作保温和密封处理，防止高温季节刚性保护层推裂山墙或女儿墙。

7.1.3 做好水泥砂浆或细石混凝土配合比设计；配制时准确计量，严格控制水灰比，机械搅拌均匀；摊铺后做好压实和抹平，在砂浆收水后、初凝后和终凝前三遍压光；认真做好养护工作，养护时间不得少于7d。

7.1.4 当水泥砂浆或细石混凝土保护层表面轻微起壳、起砂时，可将表面凿开，扫去浮灰杂质，然后加抹10mm厚聚合物水泥砂浆。

7.1.5 当水泥砂浆或细石混凝土保护层破碎脱落时，应将四周酥松部分凿去，清理干净和用水充分湿润，浇筑掺有膨胀剂的砂浆或混凝土，并抹平压光和注意养护。

7.1.6 刚性保护层施工时必须拉线找坡，不得改变屋面的排水坡度。

7.1.7 细石混凝土保护层应采用低强度等级砂浆。

7.2 应注意的安全问题

7.2.1 高空作业应采取有效防护措施，并提前向工人做安全技术交底。

7.2.2　施工人员应戴安全帽，穿防滑鞋，工作中不得打闹。

7.2.3　屋面上应做好四边和洞口安全防护工作。

7.2.4　涂刷浅色、反射涂料保护层作业时，施工人员在阳光下应佩戴墨镜，避免强烈的反射光线损伤眼睛。

7.2.5　五级以上大风和雨、雪天，避免在屋面上施工保护层。

7.3　应注意的绿色施工问题

7.3.1　基层表面混凝土硬块及突出物清理产生的噪声、扬尘应有效控制。

7.3.2　基层清理物以及报废的扫帚、钢丝刷等应及时清运至指定的地点。

7.3.3　搅拌和泵送设备及管道等冲洗水应收集处理。

8　质量记录

8.0.1　水泥等原材料出厂合格证、质量检验报告及进场复试报告。

8.0.2　水泥砂浆、细石混凝土施工配合比及其计量、拌合记录。

8.0.3　隐蔽工程检查验收记录。

8.0.4　屋面保护层（隔离层）检验批质量验收记录。

8.0.5　屋面保护层（隔离层）分项工程质量验收记录。

第2篇　保温与隔热层

第6章　屋面板状材料保温层

本工艺标准适用于工业与民用建筑屋面的板状材料保温层工程。

1　引用标准

《建筑工程施工质量验收统一标准》GB 50300—2013
《屋面工程技术规范》GB 50345—2012
《屋面工程质量验收规范》GB 50207—2012
《建筑节能工程施工质量验收规范》GB 50411—2007
《绝热用模塑聚苯乙烯泡沫塑料》GB/T 10801.1—2002
《绝热用挤塑聚苯乙烯泡沫塑料（XPS)》GB/T 10801.2
《建筑绝热用硬质聚氨酯泡沫塑料》GB/T 21558—2008
《膨胀珍珠岩绝热制品》（憎水型）GB/T 10303—2015
《泡沫玻璃绝热制品》JC/T 647—2014
《蒸压加气混凝土砌块》GB 11968—2006
《泡沫混凝土砌块》JC/T 1062—2007

2　术语

2.0.1　板状保温材料：由聚苯乙烯泡沫塑料、硬质聚氨酯泡沫塑料或无机硬质绝热材料加工制成，且具有一定压缩强度或抗压强度的板块状制品。

2.0.2　胶粘剂：指通过粘附作用，能使被粘物结合在一起的物质。

2.0.3　机械固定件：用于机械固定保温材料的螺钉、套管、垫片等配件。

3　施工准备

3.1　作业条件

3.1.1　施工前应编制施工方案或技术措施。

3.1.2　板状保温材料使用前，应检验其导热系数，表观密度或干密度、压缩强度或抗压强度、燃烧性能，并应符合设计要求。

3.1.3　板状材料保温层施工应在结构层验收合格的基础上进行。

3.1.4　设计有隔汽层时，隔汽层高出保温层上表面不得小于 150mm。

3.1.5　倒置式屋面保温层施工前，应对防水层进行淋水或蓄水试验，并在合格后再进行保温层铺设。

3.1.6　板状材料保温层的施工环境温度：干铺的保温层材料可在负温下施工；粘结的保温层材料不宜低于 5℃。

3.1.7　雨天、雪天和五级风及其以上时不得施工。

3.2　材料及机具

3.2.1　板状保温材料的品种、规格应符合设计要求和相关标准的规定。

3.2.2　板状保温材料的主要性能指标应符合表 6-1 的规定。

板状保温材料主要性能指标　　表 6-1

项目	聚苯乙烯泡沫塑料		硬质聚氨酯泡沫塑料	泡沫玻璃	憎水型膨胀珍珠岩	加气混凝土	泡沫混凝土
	挤塑	模塑					
表观密度或干密度（kg/m³）	—	≥20	≥30	≤200	≤350	≤425	≤530
压缩强度（kPa）	≥150	≥100	≥120	—	—	—	—
抗压强度（MPa）	—	—	—	≥0.4	≥0.3	≥1.0	≥0.5
导热系数 [W/(m·K)]	≤0.030	≤0.041	≤0.024	≤0.070	≤0.087	≤0.120	≤0.120
尺寸稳定性（70℃，48h，%）	≤2.0	≤3.0	≤2.0	—	—	—	—
水蒸气渗透系数 [ng/(Pa·m·s)]	≤3.5	≤4.5	≤6.5	—	—	—	—
吸水率（v/v，%）	≤1.5	≤4.0	≤4.0	≤0.5	—	—	—
燃烧性能	不低于 B2			A 级			

3.2.3　固定件及配件的品种、规格应符合设计要求和相关标准的规定。

3.2.4 机具：板锯、铁抹子、铁皮抹子、小压子、胶皮锤、木杠、铁铲、灰桶、扫帚、电动搅拌器、搅拌筒、防护用品、消防器材等。

4　操作工艺

4.1　工艺流程

基层清理→弹分格线→胶粘剂配制→板状保温材料铺设

4.2　基层清理

4.2.1 清理屋面基层表面的杂物和灰尘。

4.2.2 结构基层表面的凹坑、裂缝应用水泥砂浆修补平整。

4.2.3 突出屋面的管道、支架等根部，应用细石混凝土固定严密。

4.2.4 采用无机胶粘剂时，基层应湿润，采用有机胶粘剂时，基层应干燥。

4.3　弹分格线

在基层上弹出十字中心线，按板块尺寸和周边尺寸进行分格和控制，板缝宽度以不大于 2mm 为宜。

4.4　胶粘剂配制

4.4.1 胶粘剂应根据生产厂使用说明书的配合比配制。

4.4.2 专人负责，严格计量，机械搅拌均匀，一次配置量应在可操作时间内用完。

4.4.3 拌好的胶粘剂，在静停后再使用时还需二次搅拌。

4.5　板状保温材料铺设

4.5.1 粘贴板状保温材料时，应先将胶粘剂涂抹在基层上，再将板块按分线位置逐一粘严、粘牢。板状保温材料的粘接缝应挤紧拼严，不得在板块侧面涂抹胶粘剂，超过 20mm 的缝隙应采用相同材料的板条或片填塞严实。

4.5.2 采用粘接法施工时，胶粘剂应与保温材料相容；在胶粘剂固化前不得上人踩踏。

4.5.3 破碎不齐的板状保温材料可锯平拼接使用，或用同类材料粘贴补齐或嵌填密实后使用。

4.5.4 设计有要求或坡度超过 20％的屋面，板状保温材料的固定防滑措施，应选择专用螺钉和垫片，固定件与结构层之间应连接牢固。

4.5.5　倒置式屋面的板状材料保温层的固定防滑措施，应在结构层内预埋 $\phi 12$ 锚筋，锚筋间距宜为 1.5m，伸出保温层长度不宜小于 25mm，并与细石混凝土保护层内钢筋网片绑牢，锚筋穿破防水层处应采用密封材料封严。

4.5.6　屋面热桥部位屋顶与外墙的交接处，应按设计要求采取节能保温等隔断热桥措施。

5　质量标准

5.1　主控项目

5.1.1　板状保温材料的质量，必须符合设计要求。

5.1.2　板状材料保温层的厚度应符合设计要求，其正偏差应不限，负偏差应为 5%，且不得大于 4mm。

5.1.3　屋面热桥部位处理必须符合设计要求。

5.2　一般项目

5.2.1　板状保温材料铺设应紧贴基层，应铺平垫稳，拼缝应严密，粘贴牢固。

5.2.2　固定件的规格、数量和位置均应符合设计要求；垫片应与保温层表面齐平。

5.2.3　板状材料保温层表面平整度的允许偏差为 5mm。

5.2.4　板状材料保温层接缝高低差的允许偏差为 2mm。

6　成品保护

6.0.1　各种板状保温材料进入现场应分类堆放，作防潮隔离和防雨遮盖。搬运、存放时应轻拿轻放，堆码不要过高，防止棱角毁坏、断裂损伤。

6.0.2　板状材料保温层铺设完成后，在胶粘剂固化前不得上人走动，以免影响粘结效果。

6.0.3　在已铺好的保温层上不得直接推车和堆放重物，应垫脚手板保护。

6.0.4　保温层铺贴完后，应及时进行找平层和防水层施工，防止保温层被雨淋后受潮。

6.0.5　在施工过程中、水落口应采取临时封堵措施，防止杂物进入造成堵塞。

7　注意事项

7.1　应注意的质量问题

7.1.1　保温材料进入现场后不得露天堆放，应采取隔潮和防雨措施。

7.1.2　保温层在施工和使用过程中，保温层的含水率应相当于该材料在自然风干状态下的平衡含水率。

7.1.3　封闭式保温层或保温层干燥有困难的卷材屋面，宜采用排汽措施。

7.1.4　板状保温材料进入现场后，应对板材的外观质量和尺寸偏差进行检验。缺棱掉角、断块及拼缝不严处，应采用同类材料碎屑或保温灰浆填补密实。

7.1.5　屋面坡度大于20%时，板状保温材料应采取机械固定，固定件的品种、规格和性能应符合设计要求和相关标准的规定。固定件应具有抗腐蚀涂层，固定件宜进行现场拉拔试验。

7.1.6　保温层施工完成后，应及时做找平层和防水层。在找平层施工时，应尽量少洒水，防止保温层内的含水率过大。

7.2　应注意的安全问题

7.2.1　施工作业区应配备消防灭火器材，严禁烟火。

7.2.2　可燃类保温材料进场后，应远离火源；露天堆放时，应采用不燃材料完全覆盖。

7.2.3　在可燃类保温层上不得直接进行防水材料的热熔或热粘法施工。

7.2.4　屋面四周、洞口、脚手架边均应设有防护栏杆和支设安全网，高空作业应防止坠物伤人和人员坠落事故。

7.2.5　施工人员应戴安全帽，穿防滑鞋，工作中不得打闹。

7.3　应注意的绿色施工问题

7.3.1　基层表面混凝土硬块及突出物清理产生的噪声、扬尘应有效控制。

7.3.2　基层清理物、材料包装以及报废的扫帚、钢丝刷等应及时清运至指定的地点。

7.3.3　保温材料的边角料应回收利用，严禁现场焚烧废弃物。

7.3.4　干粉类胶粘剂宜采用复合包装袋包装；胶乳类胶粘剂的液状组分宜采用塑料桶密封包装，固体组分宜采用复合包装袋包装。

8　质量记录

8.0.1　保温材料及辅助材料的出厂合格证、性能检测报告及进场复试报告。

8.0.2　现场配制胶结材料原材料的出厂合格证、质量检验报告，现场抽样试验资料。

8.0.3　胶结材料配合比及其计量、拌合记录。

8.0.4　隐蔽工程检查验收记录。

8.0.5　屋面保温层检验批质量验收记录。

8.0.6　屋面保温层分项工程质量验收记录。

第7章　屋面纤维材料保温层

本工艺标准适用于工业与民用建筑屋面的纤维材料保温层工程。

1　引用标准

《建筑工程施工质量验收统一标准》GB 50300—2013

《屋面工程技术规范》GB 50345—2012

《屋面工程质量验收规范》GB 50207—2012

《建筑节能工程施工质量验收规范》GB 50411—2007

《建筑绝热用玻璃棉制品》GB/T 17795—2008

《建筑用岩棉绝热制品》GB/T 19686—2015

2　术语

2.0.1　纤维保温材料：将熔融岩石、矿渣、玻璃等原材料经高温熔化，采取离心法或气体喷射法制成的板状或毡状纤维制品。

2.0.2　反射面外覆层：对外界辐射热量具有反射功能的外覆层材料，其发射率一般不大于0.03。

2.0.3　抗水蒸气渗透外覆层：具有阻隔水蒸气渗透功能的外覆层材料，其透湿系数一般不大于$5.7\times10^{-11}kg/(Pa\cdot s\cdot m^2)$。

2.0.4　机械固件：用于机械固定保温材料的螺钉、套管、垫片等配件。

3　施工准备

3.1　作业条件

3.1.1　施工前应编制施工方案或技术措施。

3.1.2　纤维保温材料在使用前，应取样检验其保温材料导热系数、表观密度、燃烧性能，并应符合设计要求。

3.1.3　纤维材料保温层的施工应在结构层验收合格的基础上进行。

3.1.4　设计有隔汽层时，隔汽层高出保温层上表面不得小于150mm。

3.1.5　纤维材料保温层可在负温下施工。

3.1.6　雨天、雪天和五级风及以上时不得施工。

3.2　材料及机具

3.2.1　纤维保温材料：岩棉、矿渣棉绝热制品和玻璃棉绝热制品的密度、导热系数、燃烧性能符合设计要求。

3.2.2　纤维保温材料的主要性能应符合表7-1的规定。

纤维保温材料主要性能指标　　表7-1

项目	岩棉、矿渣棉板	岩棉、矿渣棉毡	玻璃棉板	玻璃棉毡
表观密度（kg/m^3）	≥40	≥40	≥24	≥10
导热系数［W/(m·K)］	≤0.040	≤0.040	≤0.043	≤0.050
燃烧性能	A级			

3.2.3　固定件及配件的品种、规格应符合设计要求和相关标准的规定。

3.2.4　机具：手工锯、小平铲、扫帚、手推车、防护用品、消防器材等。

4　操作工艺

4.1　工艺流程

基层清理→弹分格线→固定件安装→纤维保温材料铺设

4.2　基层清理

4.2.1　清理屋面基层表面的杂物和灰尘。

4.2.2　结构基层表面的凹坑、裂缝应用水泥砂浆修补平整。

4.2.3　突出屋面的管道、支架等根部，应用细石混凝土固定严密。

4.2.4　基层应平整、干燥、干净。

4.3　弹分格线

在基层上弹出十字中心线，按板块尺寸和周边尺寸或装配式骨架尺寸进行分格和控制。

4.4　固定件安装

4.4.1　板状纤维保温材料宜采用带套筒的金属固定件，固定件应设在结构层上。

4.4.2 毡状纤维保温材料应采用塑料钉，塑料钉应用胶粘剂将其与结构层粘牢。

4.5 纤维保温材料铺设

4.5.1 纤维材料保温层施工时的含水率，不应大于正常施工环境湿度下的自然含水率。

4.5.2 纤维保温材料施工时，应避免重压，并应采取有效措施防潮。

4.5.3 纤维保温材料应紧靠在基层表面上，平面接缝应拼紧拼严。上下层接缝应相互错开。

4.5.4 板状纤维保温材料用于金属压型板上面时，应采用螺钉和垫片将保温板与压型板固定，固定点应设在压型板的波峰上。

4.5.5 毡状纤维保温材料用于混凝土基层上面时，应采用塑料钉先与基层粘牢，再放入保温毡，最后将塑料垫片与塑料钉热熔焊接，毡状纤维保温材料用于金属压型板的下面时，应采用不锈钢条或铝板制成的承托网，将保温毡兜住并与檩条固定。

4.5.6 上人屋面宜采用装配式骨架铺设纤维保温材料，应先在基层上铺设保温龙骨或金属龙骨，龙骨间应填充纤维保温材料，再在龙骨上铺钉水泥纤维板。金属龙骨和固定件应经防锈处理，金属龙骨与基层间应采取隔热断桥措施。

4.5.7 屋面热桥部位（屋顶与外墙的交接处）应按设计要求采取节能保温等隔断热桥措施。

5 质量标准

5.1 主控项目

5.1.1 纤维保温材料的质量，应符合设计要求。

5.1.2 纤维材料保温层的厚度应符合设计要求，其正偏差应不限，毡不得有负偏差，板负偏差应为 4%，且不得大于 3mm。

5.1.3 屋面热桥部位处理应符合设计要求。

5.2 一般项目

5.2.1 纤维保温材料铺设应紧贴基层，拼缝应严密，表面应平整。

5.2.2 固定件的规格、数量和位置均应符合设计要求；垫片应与保温层表面齐平。

5.2.3　装配式骨架和水泥纤维板应铺钉牢固，表面应平整；龙骨间距的板材厚度应符合设计要求。

5.2.4　具有抗水蒸气渗透外覆面的玻璃棉制品，其外覆面应朝向室内，拼缝应用防水密封胶带封严。

6　成品保护

6.0.1　纤维保温材料进入现场应按品种、规格分类堆放，搬运和存放时应轻拿轻放，避免受压。作防潮隔离和防雨遮盖。

6.0.2　在纤维材料铺设后，不得上人踩踏。不得直接推车和堆放重物，应垫脚手板保护。

6.0.3　纤维保温层铺贴完后，应及时做找平层和防水层，防止保温层被雨淋后受潮。

6.0.4　在施工过程中，水落口应采取临时封堵措施，防止杂物进入造成堵塞。

7　注意事项

7.1　应注意的质量问题

7.1.1　保温材料进入现场后不得露天堆放，应采取隔潮和防雨措施。

7.1.2　保温材料在施工和使用过程中，保温层的含水率应相当于该材料在自然风干状态下的平衡含水率。

7.1.3　纤维保温材料进场现场后，应对板或毡制品的外观质量、尺寸和密度进行检验。不同密度的板制品使用时，密度大的制品应铺设在密度小的制品的上面。

7.1.4　纤维保温材料采用机械固定件的品种、规格和性能应符合设计要求和相关标准的规定。固定件应具有抗腐蚀涂层，固定钉宜进行现场拉拔试验。

7.1.5　保温层施工完成后，应及时做找平层和防水层。在找平层施工时，应尽量少洒水，防止保温层内的含水率过大。

7.2　应注意的安全问题

7.2.1　在铺设纤维保温材料时，施工人员应配戴口罩、眼镜、手套、鞋帽和工作服，防止矿物纤维刺伤皮肤和眼睛或吸入肺内。

7.2.2 屋面四周、洞口、脚手架边均应设有防护栏杆和支设安全网，高空作业应防止坠物伤人和人员坠落事故。

7.2.3 施工人员应戴安全帽，穿防滑鞋，工作中不得打闹。

7.3 应注意的绿色施工问题

7.3.1 基层表面混凝土硬块及突出物清理产生的噪声、扬尘应有效控制。

7.3.2 基层清理物、材料包装以及报废的扫帚、钢丝刷等应及时清运至指定的地点。

7.3.3 保温材料的边角料应回收利用，严禁现场焚烧废弃物。

7.3.4 纤维保温材料宜采用塑料膜包装；搬运和铺设过程中散落的矿物纤维应及时清理，不得随风飘扬及污染环境。

8 质量记录

8.0.1 保温材料及辅助材料的出厂合格证、性能检测报告及进场复试报告。

8.0.2 隐蔽工程检查验收记录。

8.0.3 固定件的出厂合格证、性能检测报告、复试报告。

8.0.4 固定件的现场拉拔试验报告。

8.0.5 屋面保温层检验批质量验收记录。

8.0.6 屋面保温层分项工程质量验收记录。

第8章 屋面喷涂硬泡聚氨酯保温层

本工艺标准适用于工业与民用建筑屋面的喷涂硬泡聚氨酯保温层工程。

1 引用标准

《建筑工程施工质量验收统一标准》GB 50300—2013

《屋面工程技术规范》GB 50345—2012

《屋面工程质量验收规范》GB 50207—2012

《建筑节能工程施工质量验收规范》GB 50411—2007

《喷涂聚氨酯硬泡体保温材料》JC/T 998—2006

《硬泡聚氨酯保温防水工程技术规范》GB 50404—2017

2 术语

2.0.1 喷涂硬泡聚氨酯：以异氰酸酯、多元醇（组合聚醚或聚酯）为主要原料加入发泡剂等添加剂，现场使用专用喷涂设备在基层上连续多遍喷涂发泡聚氨酯后，形成无接缝的硬质泡沫体，按其物理性能可分为Ⅰ型、Ⅱ型和Ⅲ型。

（Ⅰ型）喷涂硬泡聚氨酯：材料具有优异的保温性能，用于屋面保温层。

（Ⅱ型）喷涂硬泡聚氨酯：材料除具有优异的保温性能外，还具有一定的防水性能，与抗裂聚合物水泥砂浆复合使用，用于屋面复合保温防水层。

3 施工准备

3.1 作业条件

3.1.1 施工前应编制施工方案或技术措施。

3.1.2 喷涂硬泡聚氨酯使用前，应取样检验其导热系数、表观密度、压缩强度、燃烧性能，并符合设计要求。

3.1.3 喷涂硬泡聚氨酯保温层应在结构层验收合格的基础上进行。

3.1.4　设计有隔汽层时，隔气层高出保温层上表面不得小于 150mm。

3.1.5　喷涂硬泡聚氨酯必须使用专用设备，施工前应对喷涂设备进行调试。

3.1.6　喷涂硬泡聚氨酯时，应对作业面外易受飞散物料污染的部位采取遮挡措施。

3.1.7　现喷硬泡聚氨酯保温层的施工环境气温宜为 15～35℃，相对湿度宜小于 85%。

3.1.8　雨天、雪天和三级风以上时不得施工。

3.2　材料及机具

3.2.1　喷涂硬泡聚氨酯的主要性能应符合表 8-1 的规定。

喷涂硬泡聚氨酯材料主要物理性能指标　　表 8-1

项目	性能要求		
	Ⅰ型	Ⅱ型	Ⅲ型
密度（kg/m^3）	≥35	≥45	≥55
导热系数 [W/(m·K)]	≤0.024	≤0.024	≤0.024
压缩性能（形变 10%）kPa	≥150	≥200	≥300
不透水（无结皮）0.2MPa，30min	—	不透水	不透水
尺寸稳定性（70℃，48h）%	≤1.5	≤1.5	≤1.0
闭孔率（%）	≥90	≥92	≥95
吸水率（%）	≤3	≤2	≤1

3.2.2　机具：空气压缩机、聚氨酯喷涂机、小推车、电动砂浆搅拌机、常用抹灰工具及抹灰检测器具若干、手提式搅拌器、水桶、铝合金杠尺（长度 2～2.5m）、剪刀、滚刷、2 寸猪鬃刷、手锤等；防护用品、消防器材等。

4　操作工艺

4.1　工艺流程

基层清理 → 材料配制 → 现喷硬泡聚氨酯 → 防护施工

4.2　基层清理

4.2.1　清理屋面基层表面的油垢、浮灰、尘土及基层凸起物等杂物。

4.2.2　结构基层如果出现高低茬，表面的凹坑、裂缝，应用水泥砂浆修补平整。

4.2.3　突出屋面的管道、支架等根部，应用细石混凝土固定严密。

4.2.4　基层应坚实、平整、干燥、干净；基层的含水率应控制在9%范围内。

4.3　材料配制

4.3.1　配制硬泡聚氨酯的原材料应按工艺设计配比准确计量，投料顺序不得有误，混合应均匀，热反应充分。

4.3.2　硬泡聚氨酯喷涂前，应对喷涂设备进行调试，并应准备试样进行硬泡聚氨酯的性能检测。

4.4　现喷硬泡聚氨酯保温层

4.4.1　喷涂硬泡聚氨酯时喷嘴与施工基面的间距应由试验确定。根据施工经验喷嘴与施工基面的间距宜为800～1200mm。

4.4.2　根据硬泡聚氨酯的设计厚度，一个作业面应分遍喷涂完成，每遍厚度不宜大于15mm，当日的作业面应当日连续喷涂施工完毕。

4.4.3　喷施第一遍硬泡聚氨酯之后，在硬泡层内插上与设计厚度相等的标准厚度标杆，标杆间距宜为300～400mm，并呈梅花状分布，插标杆后继续喷涂施工。控制喷涂厚度至刚好覆盖标杆头为止。

4.4.4　喷涂施工结束后，应检查保温层的厚度和平整度。

4.4.5　对喷涂不平或保温层厚度不符合要求的部位，应及时采用相同保温材料进行修补；对保温层的平整度不符合要求的部位，可用手提刨刀进行修整，修整时散落的碎屑应清理干净。

4.4.6　屋面热桥部位（屋顶与外墙的交接处）应按设计要求采取节能保温等隔断热桥措施。

4.5　防护施工

4.5.1　硬泡聚氨酯表面不得长期裸露，硬泡聚氨酯喷涂完工后，应及时做水泥砂浆找平层，抗裂聚合物水泥砂浆层或防护涂料层。

4.5.2　（Ⅰ型）硬泡聚氨酯保温层上的找平层，应采用20～25mm厚1：25水泥砂浆，找平层应设分格缝，缝宽宜为5～20mm，纵横间距不宜大于6m。

4.5.3　（Ⅱ型）硬泡聚氨酯复合保温防水层的抗裂聚合物水泥砂浆施工，应待硬泡聚氨酯施工完成并清扫干净后进行。抗裂聚合物水泥砂浆层的厚度宜为3～5mm，应分（2～3）遍刮抹完成；抗裂聚合物水泥砂浆硬化后，宜采用干湿交替的方法养护。

4.5.4　（Ⅲ型）硬泡聚氨酯保温防水层的防护涂料，应待硬泡聚氨酯施工完成并清扫干净后涂刷，涂刷应均匀一致，不得漏涂。

5　质量标准

5.1　主控项目

5.1.1　喷涂硬泡聚氨酯所用原材料的质量及配合比，应符合设计要求。

5.1.2　喷涂硬泡聚氨酯保温层的厚度应符合设计要求，其正偏差应不限，不得有负偏差。

5.1.3　屋面热桥部位处理应符合设计要求。

5.2　一般项目

5.2.1　喷涂硬泡聚氨酯应分遍喷涂，粘结应牢固。表面应平整，找坡正确。

5.2.2　喷涂硬泡聚氨酯保温层表面平整度的允许偏差为5mm。

6　成品保护

6.0.1　硬泡聚氨酯保温层上，不得直接进行防水材料的热熔、热粘法施工。

6.0.2　硬泡聚氨酯喷涂后20min内严禁上人。在已完成的保温层上不得直接推车和堆放重物，应垫脚手板保护。

6.0.3　喷涂硬泡聚氨酯保温层完成后，应及时做找平层、抗裂聚合物水泥砂浆或防护涂料层。

6.0.4　在施工过程中，水落口应采取临时封堵措施，防止杂物进入造成堵塞。

7　注意事项

7.1　应注意的质量问题

7.1.1　喷涂聚氨酯保温层应按配比准确计量，发泡厚度均匀一致。

7.1.2　基层应坚实、平整、干燥、干净；对于潮湿或影响粘结的基层，宜采用喷涂界面处理剂。

7.1.3　用于（Ⅰ型）硬泡聚氨酯保温层的水泥砂浆找平层，宜掺加增强纤维；找平层应设分格缝，缝宽宜为5～20mm，纵横缝间距不宜大于6m。

7.1.4 用于（Ⅱ型）硬泡聚氨酯复合保温防水层的抗裂聚合物水泥砂浆，应按配合比准确计量，搅拌均匀，一次配制量应控制在可操作时间内用完。

7.1.5 用于（Ⅲ型）硬泡聚氨酯保温防水层的防护涂料，涂刷应均匀一致，不得漏涂。

7.1.6 喷涂硬泡聚氨酯保温层的厚度必须符合设计要求。对保温层的厚度及平整度不符合要求时，应及时进行修补或修整。

7.2 应注意的安全问题

7.2.1 硬泡聚氨酯的原材料应密封包装，在贮运过程中严禁烟火，注意通风、干燥，防止暴晒、雨淋，不得接近热源和接触强氧化、腐蚀性化学品。

7.2.2 施工作业区应配备消防灭火器材，严禁烟火。

7.2.3 在硬泡聚氨酯保温层上，不得直接进行防水材料的热熔、热粘法施工。

7.2.4 屋面四周、洞口、脚手架边均应设有防护栏杆和支设安全网，高空作业应防止坠物伤人和人员坠落事故。

7.2.5 操作人员应配戴口罩，站在背风方向施工，避免将材料飞沫吸入体内。

7.2.6 施工人员应戴安全帽，穿防滑鞋，工作中不得打闹。

7.3 应注意的绿色施工问题

7.3.1 基层表面混凝土硬块及突出物清理产生的噪声、扬尘应有效控制。

7.3.2 基层清理物、材料包装以及报废的扫帚、钢丝刷等应及时清运至指定的地点。

7.3.3 喷涂硬泡聚氨酯受气候条件影响较大，若操作不慎会引起材料飞散、污染环境。施工时应对作业面外易受飞散物污染的部位采取遮挡措施。风力在三级风以上时不得施工。

8 质量记录

8.0.1 硬泡聚氨酯所用原材料出厂合格证、性能检测报告及进场复试报告。

8.0.2 硬泡聚氨酯的表干密度、压缩强度、导热系数性能检测报告。

8.0.3 硬泡聚氨酯配合比及其计量、发泡记录。

8.0.4 隐蔽工程检查验收记录。

8.0.5 屋面保温层检验批质量验收记录。

8.0.6 屋面保温层分项工程质量验收记录。

第9章　屋面现浇泡沫混凝土保温层

本工艺标准适用于工业与民用建筑屋面的现浇泡沫混凝土保温层工程。

1　引用标准

《建筑工程施工质量验收统一标准》GB 50300—2013

《屋面工程技术规范》GB 50345—2012

《屋面工程质量验收规范》GB 50207—2012

《泡沫混凝土》JG/T 266—2011

《工业过氧化氢》GB/T 1616—2014

《通用硅酸盐水泥》GB 175—2007

《混凝土用水标准》JGJ 63—2006

《建筑节能工程施工质量验收规范》GB 50411—2007

2　术语

2.0.1　现浇泡沫混凝土：用物理方法将发泡剂水溶液制备成泡沫，再将泡沫加入到由水泥、骨料、掺合料、外加剂和水等制成的料浆中，经混合搅拌、现场浇筑、自然养护而成的轻质多孔混凝土。

2.0.2　发泡倍数：泡沫体积大于发泡剂水溶液体积的倍数。

2.0.3　干体积密度：泡沫混凝土保温层养护 28d 后，测定的每立方米泡沫混凝土的绝干质量。

3　施工准备

3.1　作业条件

3.1.1　施工前应编制施工方案或技术措施。

3.1.2　现浇泡沫混凝土保温层应在结构层验收合格的基础上进行。

3.1.3 设计有隔汽层时，隔汽层高出保温层上表面不得小于 150mm。

3.1.4 泡沫混凝土配合比设计应根据设计要求的干密度和抗压强度，并按绝对体积法计算、试配和调整，得出所用组成材料的实际用量。

3.1.5 生产设备应停放于平整坚实的施工现场，并应做好防潮、防淋及排水等措施。

3.1.6 泡沫混凝土制备前，应对空气压缩机、发泡瓶、搅拌机等进行检查，且在试运转正常后方可开机工作。

3.1.7 现浇泡沫混凝土保温层的施工环境温度宜为 5～35℃。

3.1.8 在雨天、雪天和 5 级及以上大风时不得施工。

3.2 材料及机具

3.2.1 水泥宜采用普通硅酸盐水泥或矿渣硅酸盐水泥。

3.2.2 掺合料、外加剂、发泡剂的品种和质量应符合设计要求和相关产品标准的规定。发泡剂应质量可靠、性能良好，严禁过期、变质。

3.2.3 泡沫混凝土原材料进场时，应按规定批次验收其形式检验报告、出厂检验报告或合格证等质量证明文件，对外加剂产品尚应具有使用说明书。现浇泡沫混凝土主要性能指标应符合表 9-1 的规定。

现浇泡沫混凝土主要性能指标　　**表 9-1**

项目	指标
干密度（kg/m^3）	≤600
导热系数［W/(m·K)］	≤0.14
抗压强度（MPa）	≥0.5
吸水率（%）	≤20%
燃烧性能	A 级

3.2.4 机具：发泡机、空气压缩机、泡沫混凝土搅拌机、泡沫混凝土输送泵、发泡瓶、上料机，水准仪、卷尺、铝合金刮杠、专用刮板、木抹子、铁抹子、扫帚、防护用品、消防器材等。

4 操作工艺

4.1 工艺流程

基层清理→弹线→安装嵌缝条→泡沫混凝土制备、卸浆、输送→泡沫混凝土浇筑及养护

4.2　基层清理

4.2.1　清理屋面基层表面的油污、浮尘和积水。

4.2.2　结构基层有裂缝、孔洞等缺陷部位，应进行水泥砂浆修补或注浆封闭处理。

4.2.3　突出屋面的管道、支架等根部，应用细石混凝土固定严密。屋面的管道及水落口应用塑料橡胶袋封堵密实，防止泡沫混凝土将管道堵塞。

4.2.4　如遇天气干燥时，应先对基层进行洒水预湿处理，至少洒水两遍，但基层表面不得有明显积水。

4.3　按设计坡度及流水方向。找出屋面坡度走向，弹线确定保温层厚度范围。

4.4　在分隔条位置安装嵌缝条，间距不宜大于 6m，宽度宜为 20～30mm，深度宜为浇筑厚度的 1/3～2/3。

4.5　泡沫混凝土制备、卸浆、输送

4.5.1　根据设计导热系数、干密度、抗压强度等要求，试配泡沫混凝土，确定其水泥、发泡剂、水及外加剂等的掺量。

4.5.2　配制泡沫浆体。根据混凝土发泡剂的配合比和生产工艺，通过发泡瓶反应罐稀释后加压配制。

4.5.3　拌制水泥料浆。按设计要求的泡沫混凝土配合比，先将定量的水加入搅拌机内，再将称量好的水泥、掺加料外加剂等投入搅拌机内，要求搅拌均匀，不允许有团块及大颗粒存在。

4.5.4　将配制好的发泡浆体和水泥料浆一起混合，然后进行高速搅拌，使混合均匀，上部没有泡沫漂浮，下部没有泥浆块，稠度合适，即可形成泡沫混凝土。

4.5.5　卸浆与输送时，应将配套定制空气压缩机与反应罐进行气阀连接，关闭所有阀门，启动空气压缩机，打开进气阀 4～6min 后，再打开出料阀门，将泡沫混凝土输送到施工面，进行现场浇筑。空气压缩机要处于工作状态一直到反应罐内材料用完，须先关闭进气阀，然后打开减气阀放掉所有的空气，再打开进料口进行下一次进料。

4.5.6　现场拌好的泡沫混凝土应随制随用，留置时间不宜大于 30min。

4.6　泡沫混凝土浇筑

4.6.1　泡沫混凝土的浇筑出料口离基层的高度不宜超过 1m。泵送时应采取低压泵送。

4.6.2 大面积浇筑应采用分区浇筑方法，用模板将施工面分割成若干小块逐块施工。也可采用分段分层、全面分层的浇筑方法。

4.6.3 泡沫混凝土应分层浇筑，一次浇筑厚度不宜超过200mm，以免下部泡沫混凝土浆体承压过大而破泡，待其初凝后，可进行下一层的浇筑。

4.6.4 浇筑第一层泡沫混凝土之后，在泡沫混凝土层内插上与设计厚度相等的标准厚度标杆，标杆间距宜为600～800mm，并呈梅花状分布，插标杆后继续浇筑泡沫混凝土，控制浇筑厚度至刚好覆盖标杆头为止。

4.6.5 采用分段流水作业摊铺泡沫混凝土时，需铺厚度宜为实际厚度的1.2～1.3倍，然后用铝合金刮杠刮平。刮平时，有蜂窝的地方反复划动几次，以消除蜂窝，有坑或高度不够的地方可以补浇，然后用专用刮板和木抹子刮平。泡沫混凝土初凝前应用铁抹子进行压实抹平，终凝前完成收水后再进行二次压光。

4.6.6 浇筑过程中，应随时检查泡沫混凝土的湿密度。

4.6.7 浇筑完成后，应及时检查泡沫混凝土保温层的厚度和平整度。保温层的厚度和平整度不符合要求时，应及时用相同保温材料进行修整。

4.6.8 泡沫混凝土浇筑后应及时进行保湿养护，保湿养护可采用洒水、覆盖等方式。对采用硅酸盐水泥、普通硅酸盐水泥或矿渣水泥配制的混凝土，养护时间不得少于7d；对采用有外加剂或矿物掺合料配制的泡沫混凝土，养护时间不得少14d。泡沫混凝土养护期间，不得在其上踩踏及堆放物品。

5 质量标准

5.1 主控项目

5.1.1 现浇泡沫混凝土所用原材料的质量及配合比，应符合设计要求。

5.1.2 现浇泡沫混凝土保温层的厚度应符合设计要求，其正负偏差应为5%，且不得大于5mm。

5.1.3 屋面热桥部位处理应符合设计要求。

5.2 一般项目

5.2.1 现浇泡沫混凝土应分层施工，粘结应牢固，表面应平整，找坡应正确。

5.2.2 现浇泡沫混凝土不得有贯通性裂缝，以及疏松、起砂、起皮现象。

5.2.3 现浇泡沫混凝土保温层表面平整度的允许偏差为5mm。

6 成品保护

6.0.1 现浇泡沫混土初凝前应用铁抹子压实抹平，终凝前完成收水后应进行二次压光。

6.0.2 保温层浇筑完后，应采取预防干裂的措施，保持现浇混凝土处于湿润状态。

6.0.3 现浇泡沫混凝土施工完毕应采取保护措施。在养护期间不得上人走动，养护结束后不得直接推车和堆放重物，在保温层上，应垫脚手板保护。

6.0.4 保温层完成后应及时进行找平层和防水层施工，防止保温层被雨淋后受潮。

6.0.5 在施工过程中，应对水落口采取临时封堵措施，防止杂物进入造成堵塞。

7 注意事项

7.1 应注意的质量问题

7.1.1 泡沫剂应质量可靠，性能良好，严禁使用过期或变质的泡沫剂。

7.1.2 浇筑泡沫混凝土前，应对设备进行调试，并应制备试样进行泡沫混凝土的性能检测。

7.1.3 泡沫混凝土的配合比应准确计量，制备好的泡沫浆体加入水泥料浆中应混合均匀，没有明显的泡沫漂浮和泥浆块出现。

7.1.4 泡沫混凝土制备时，不得任意加水来增加稠度；泡沫混凝土浇筑过程中，应随时检查泡沫混凝土的湿密度，按事先建立有关干密度与湿密度的对应关系，控制泡沫混凝土的干密度。

7.1.5 现浇泡沫混凝土不得有贯通性裂缝，以及疏松、起砂、起皮现象。对已经出现上述的一般缺陷，应由施工单位提出技术处理方案进行处理。

7.2 应注意的安全问题

7.2.1 空气压缩机、泡沫混凝土搅拌机及输送泵使用前，应进行全面检查和试运转；使用时应随时注意压力表的数值，严禁压力超标。

7.2.2　屋面四周、洞口、脚手架边均应设有防护栏杆和支设安全网，高空作业应防止坠物伤人和人员坠落事故。

7.2.3　施工人员应戴安全帽，穿防滑鞋，工作中不准打闹。

7.3　应注意的绿色施工问题

7.3.1　基层表面混凝土硬块及突出物清理产生的噪声、扬尘应有效控制。

7.3.2　基层清理物、材料包装以及报废的扫帚、钢丝刷等应及时清运至指定的地点。

7.3.3　施工中产生的污水不得直接排放，应采取沉淀措施处理。

8　质量记录

8.0.1　泡沫混凝土所用原材料出厂合格证、性能检测报告及进场复试报告。

8.0.2　泡沫混凝土的干密度、抗压强度、导热系数性能检测报告。

8.0.3　泡沫混凝土配合比及其计量、拌合记录。

8.0.4　隐蔽工程检查验收记录。

8.0.5　屋面保温层检验批质量验收记录。

8.0.6　屋面保温层分项工程质量验收记录。

第10章　种植隔热层

本工艺标准适用于工业与民用建筑卷材、涂膜屋面的种植隔热层工程。

1　引用标准

《建筑工程施工质量验收统一标准》GB 50300—2013

《屋面工程技术规范》GB 50345—2012

《种植屋面用耐根穿刺防水卷材》JC/T 1075

《屋面工程质量验收规范》GB 50207—2012

《种植屋面工程技术规程》JGJ 155—2013

《喷涂聚脲防水工程技术规程》JGJ/T 200—2010

《建筑结构荷载规范》GB 50009—2012

《园林绿化工程施工及验收规范》CJJ 82—2012

2　术语

2.0.1　种植隔热层：在屋面防水层上铺以种植土或设置容器，种植植物，起到隔热及保护环境作用的构造层。

2.0.2　种植土层：可提供屋面植物生长所需养分的构造层，具有一定渗透性、蓄水能力和空间稳定性。

2.0.3　种植土厚度：植物根系正常生长发育所需种植土的深度。

2.0.4　耐根穿刺防水层：具有防水和阻止植物根系穿刺功能的构造层。

2.0.5　排（蓄）水层：能排出种植土中多余水分，或具有一定蓄水功能的构造层。

2.0.6　过滤层：防止种植土流失，且便于水渗透的构造层。

3 施工准备

3.1 作业条件

3.1.1 种植隔离层必须根据屋面的结构和荷载能力，在建筑物整体荷载允许范围内实施，并不得降低建筑结构的耐久性及抗震性能。

3.1.2 施工前应编制施工方案或技术措施。

3.1.3 屋面防水层应满足防水等级为Ⅰ级的设防要求，且上面必须设置一道耐根穿刺防水层。种植隔离层施工应在屋面防水层和保温层施工验收合格后进行，并应对已完的屋面防水层进行蓄水试验，蓄水48h内不得有渗漏。

3.1.4 根据设计图纸做好人行通道、挡墙、种植区的测量放线工作。

3.1.5 施工所需的排（蓄）水材料、过滤材料、种植土等应按照规定抽样复验，并提供检验报告。

3.1.6 雨天、雪天和五级风及以上时不得施工。

3.2 材料及机具

3.2.1 种植介质及种植物

1 一般采用野外可耕作的土壤作为基土，再掺以松散混合而成。种植介质（含掺合物）的质量和配合比应符合设计要求。

2 普通植生混凝土用骨料粒径一般为20～31.5mm，水泥用量为200～300kg/m^3，为了降低混凝土孔隙的碱度，应掺用粉煤灰、硅灰等低碱矿物掺合料；骨料/胶材比为4.5～5.5，水胶比为0.24～0.32，轻质植生混凝土利用陶粒做骨料。屋面植生混凝土的抗压强度在3.5MPa以上，孔隙率为25％～40％。

3 种植植物包括乔灌木、绿篱、色块植物、藤本植物、草坪块、草坪卷等。

4 种植容器的外观质量、物理机械性能、承载能力、排水能力、耐久性等应符合产品标准要求。

3.2.2 过滤层材料

1 过滤层材料宜采用土工布（又称土工合成材料），宜选用聚酯无纺布，单位面积质量不小于200kg/m^2，土工布的性能指标包括：

1）产品形态指标：材质、幅度、每卷长度、包装等；

2）物理性能指标：单位面积（长度）、质量、厚度、有效孔径（或开孔尺寸）等；

3）力学性能指标：拉伸强度、撕裂强度、握持强度、顶破强度、胀破强度、材料与土相互作用的摩擦强度等；

4）水力学：透水率、导水率、梯度比等；

5）耐久性能：抗老化、化学稳定性、生物稳定性等。

2　土工布进场时，应检查产品标签、生产厂家、产品批号、生产日期、有效期限等，并取样送检，其性能指标应满足要求。

3.2.3　排水材料

1　排水层材料常采用成品专用塑料排水板或橡胶排水板、混凝土架空板、陶粒或卵石等；

2　排水层材料的种类按设计要求选用。塑料或橡胶排水板按设计要求和产品说明书要求进行验收和使用；混凝土架空板按设计要求和混凝土预制构件的质量要求进行控制；陶粒或卵石等松散材料，应按设计要求控制其颗粒粒径，避免颗粒大小级配不利排水。级配碎石的粒径宜为10～25mm，卵石的粒径宜为25～40mm。陶粒的粒径不应小于25mm，堆积密度不宜大于500kg/m^3。

3.2.4　机具：混凝土搅拌机、砂浆搅拌机、手提圆盘锯、卷扬机、平板振捣器、台秤、手推胶轮车、铁板、铁锹、大铲、灰槽、砖夹子、木刮杠、扫帚、5mm孔径筛子、水平尺、坡度尺等。

4　操作工艺

4.1　工艺流程

基层清理→人行通道及挡墙施工→排（蓄）水层铺设→过滤层铺设→种植土层铺设→植被层施工

4.2　基层清理

4.2.1　种植隔热层与防水层之间宜设保护层。如采用碎（卵）石、陶粒排水层，一般应在防水层上增设水泥砂浆或细石混凝土保护层；如采用塑料排水层，一般不设任何保护层。

4.2.2　防水层或保护层上的垃圾及杂物应清理干净，保护层的铺设不应改变屋面排水坡度。

4.2.3　种植隔热层的屋面坡度大于20%时，其排水层、种植土层应采取挡墙或挡板等防滑措施。

4.3 人行通道及挡墙施工

4.3.1 种植屋面上的种植介质四周应设分区挡墙，挡墙上部加盖走道板，板宽宜为500mm，挡墙下部应设泄水孔。泄水孔周边应堆放过水的卵石，泄水孔处采用钢丝网片拦截。

4.3.2 采用砖砌挡墙的高度应比种植介质面高100mm。距挡墙底部高100mm处按设计留设泄水孔，泄水孔的尺寸（宽×高）宜为20mm×60mm，泄水孔中距宜为750～1000mm。

4.3.3 采用预制槽形板作为分区挡墙和走道板，应符合有关设计要求。为防止种植介质流失，走道板板肋根部的泄水孔处应设滤水网。滤水网可用塑料网、塑料多孔板或环氧树脂涂覆的钢丝网制作，用水泥砂浆固定。

4.4 排（蓄）水层铺设

4.4.1 施工前应根据屋面坡向确定整体排水方向；排（蓄）水层应铺设至排水沟边缘或水落口周边。

4.4.2 凹凸塑料排（蓄）水板宜采用搭接法施工，搭接宽度不应小于100mm。

4.4.3 网状交织、块状塑料排水板宜采用对接法施工，并应接茬齐整。

4.4.4 排水层采用碎（卵）石或陶粒铺设时，粒径应大小均匀，铺设厚度应符合设计要求。

4.5 过滤层铺设

4.5.1 在排（蓄）水层上，空铺一层聚酯无纺布，铺设应平整、无皱折。

4.5.2 聚酯无纺布搭接宜采用粘合或缝合处理，搭接宽度不应小于150mm。

4.5.3 聚酯无纺布边缘应沿种植挡墙向上铺设至种植土高度，并应与挡墙或挡板粘牢。

4.6 种植土层铺设

4.6.1 在种植土与女儿墙、屋面凸起结构、周边泛水之间及檐口、排水口等部位，应设置300～500mm宽的卵石缓冲带。

4.6.2 种植土进场后不得集中堆放，铺设应均匀摊平、分层踏实，厚度500mm以下的种植土不得采用机械回填。

4.6.3　种植土的厚度及自重应符合设计要求。种植土表面应低于挡墙高度100mm。

4.6.4　摊铺后的种植土表面应采取覆盖或洒水措施防止扬尘。

5　质量标准

5.1　主控项目

5.1.1　种植隔热层所用材料的质量，应符合设计要求。

5.1.2　排水层应与排水系统连通。

5.1.3　挡墙或挡板泄水孔的留设应符合设计要求，并不得堵塞。

5.2　一般项目

5.2.1　陶粒应铺设平整、均匀，厚度应符合设计要求。

5.2.2　排水板应铺设平整，接缝方法应符合国家现行有关标准的规定。

5.2.3　过滤层土工布应铺设平整、接缝严密，其搭接宽度的允许偏差为－10mm。

5.2.4　种植土应铺设平整、均匀，其厚度的允许偏差为±5%，且不得大于30mm。

6　成品保护

6.0.1　排水层采用碎（卵）石或陶粒铺设时，防水层上应设水泥砂浆或细石混凝土保护层，防水层与保护层之间应设隔离层。

6.0.2　在已铺好的排水板上，不得直接推车和堆放重物，应垫脚手板保护。

6.0.3　屋面坡度大于20%时，对排（蓄）水层和种植土层应采取防滑措施。

6.0.4　根据植物种类、地域和季节不同，应采取防寒防晒、防风、防火等措施。

6.0.5　在施工过程中，屋面水落口应采取临时措施封口，防止杂物进入造成堵塞。

7　注意事项

7.1　应注意的质量问题

7.1.1　种植隔热层施工前，应对施工完的防水层进行蓄水试验，蓄水48h后应检查屋面有无渗漏，一旦发现渗漏部位应及时治理。

7.1.2 泄水孔留设位置要正确，每个泄水孔处应先放置钢丝网片，泄水孔四周堆放的过水卵石应完全覆盖泄水孔，以免种植介质流失或堵塞泄水孔。

7.1.3 排水层必须与排水管、排水沟、水落口等连接，保证排水系统畅通，避免种植土中过多的水分不能排出，对植物根系不利，也对防水层不利。

7.1.4 屋面泛水部位、水落口及伸出屋面管道四周，应设置卵石排水带，以免种植介质冬季结冰产生冻胀破坏。

7.1.5 种植土的pH酸碱度、湿密度、含盐量必须符合设计要求，应检查土壤质量检测报告。

7.1.6 植物材料的品种、规格和质量必须符合设计要求，并应检查“植物检疫证”和“苗木出圃单”。

7.2 应注意的安全问题

7.2.1 设计的种植荷载主要包括植物荷重和饱和水状态下种植土荷重，种植土层的厚度和自重应符合设计要求，防止过量超载。同时，种植土、植物等不得在屋面上集中堆放。

7.2.2 屋面周边洞口和脚手架边应设置安全护栏和安全网，以及其他防止人员和物体坠落的防护措施。

7.2.3 施工人员应戴安全帽、系安全带和穿防滑鞋。工作中不得打闹。

7.2.4 施工现场应设置消防设施，加强火源管理。

7.3 应注意的绿色施工问题

7.3.1 突出物清理产生的噪声、扬尘应有效控制；报废的扫帚、砂纸、钢丝刷、防水和密封材料包装物等应及时清理。

7.3.2 摊铺的种植土表面应采取覆盖或洒水措施防止扬尘。

7.3.3 废弃材料的边角料应回收处理。

8 质量记录

8.0.1 材料出厂合格证、质量检验报告及进场复试报告。

8.0.2 隐蔽工程检查验收记录。

8.0.3 淋水或蓄水试验报告。

8.0.4 种植隔热层检验批质量验收记录。

8.0.5 种植隔热层分项工程质量验收记录。

第11章　蓄水隔热层

本工艺标准适用于工业与民用建筑卷材、涂膜屋面的蓄水隔热层工程。

1　引用标准

《建筑工程施工质量验收统一标准》GB 50300—2013

《屋面工程技术规范》GB 50345—2012

《屋面工程质量验收规范》GB 50207—2012

《地下防水工程质量验收规范》GB 50208—2011

《混凝土结构工程施工质量验收规范》GB 50204—2011

《通用硅酸盐水泥》GB 175—2007

《普通混凝土用砂、石质量及检验方法标准》JGJ 52—2006

《混凝土外加剂》GB 8076—2008

《混凝土用水》JGJ 63—2006

2　术语

2.0.1　蓄水隔热层：在屋面防水层上蓄一定高度的水，起到隔热作用的构造层。

3　施工准备

3.1　作业条件

3.1.1　施工前应编制施工方案或技术措施。

3.1.2　蓄水隔热层施工应在屋面防水层和保温层施工验收合格后进行，并应对已完的屋面防水层进行蓄水试验，蓄水48h不得有渗漏。

3.1.3　蓄水池施工时，所设置的给水管、排水管和溢水管等均应与池身同步施工。

3.1.4　蓄水池应采用C20和P6现浇混凝土，池内应采用20mm厚防水砂浆抹面。

3.1.5　防水混凝土和防水砂浆的配合比应经试验确定，并应做到计量准确。

3.1.6　防水混凝土和防水砂浆施工环境气温宜为5～35℃。

3.1.7　雨天、雪天和五级风及以上时不得施工。

3.2　材料及机具

3.2.1　防水材料应具有优良的耐水性，不应泡水而降低物理性能，更不能减弱接缝的封闭程度。

采用卷材防水可选用：高聚物改性沥青卷材、聚氯乙烯卷材、三元乙丙橡胶卷材等，并有出厂合格证，符合产品技术质量要求。

3.2.2　防水混凝土应采用商品混凝土。

3.2.3　养护混凝土用水必须采用清洁的饮用水，不得采用工业污水及沼泽水。

3.2.4　蓄水屋面中含水的多空轻质材料应符合保水性好，水分蒸发慢的要求，防止补水不及时造成屋面损坏。

3.2.5　抹面砂浆宜采用聚合物水泥防水砂浆。

3.2.6　机具：混凝土搅拌机、平板振动器、台秤、手推胶轮车、铁板、铁锹、铁抹子、木抹子、木刮杠、扫帚、水桶、锤子、铲刀、直尺、坡度尺、铁滚筒等。

4　操作工艺

4.1　工艺流程

基层清理→弹线分仓→防水混凝土施工→防水砂浆施工→蓄水试验

4.2　基层清理

4.2.1　将防水层上的杂物和尘土清理干净。

4.2.2　防水层上应铺抹10mm厚低强度等级砂浆做隔离层，隔离层不得有破损和漏铺现象。

4.3　弹线分仓

4.3.1　蓄水隔热层应划分若干蓄水区，每区的边长不宜大于25m，在变形缝的两侧应分成两个互不连通的蓄水区。

4.3.2　蓄水区内应设纵向和横向分仓墙，分仓墙可采用混凝土或砌体，分仓墙间距不宜大于 10m。

4.4　防水混凝土施工

4.4.1　蓄水池的所有孔洞应预留，不得后凿；所设置的给水管、排水管和溢水管等，均应在蓄水池混凝土施工前安装完毕。

4.4.2　每个蓄水区的防水混凝土应一次浇筑完毕，不留施工缝。

4.4.3　防水混凝土应采用机械搅拌、机械振捣，表面应抹平和压光；抹压时不得洒水、撒干水泥或水泥浆。混凝土收水后应进行二次压光。

4.4.4　防水混凝土初凝后应覆盖养护，终凝后浇水养护不得少于 14d。

4.5　防水砂浆施工

4.5.1　水泥砂浆防水层的基层应平整、坚实、清洁，并应充分湿润，无明水；基层表面的孔洞、缝隙，应采用与防水层相同的水泥砂浆堵塞并抹平。

4.5.2　水泥砂浆防水层应分层铺抹，各层应紧密结合，每层宜连续施工；铺抹时应压实抹平，最后一层表面应提浆压光。

4.5.3　水泥砂浆终凝后应及时进行养护，养护时间不得少于 14d；聚合物水泥砂浆硬化后应采用干湿交替的养护方法。

4.6　蓄水试验

4.6.1　蓄水池应在混凝土和砂浆养护结束后进行蓄水试验，蓄水至设计规定高度，蓄水 48h 后观察检查，发现有渗漏部位应及时治理。

4.6.2　蓄水池蓄水后不得断水，防止混凝土干涸开裂。

5　质量标准

5.1　主控项目

5.1.1　防水混凝土所用材料的质量及配合比，应符合设计要求。

5.1.2　防水混凝土的抗压强度和抗渗性能，应符合设计要求。

5.1.3　蓄水池不得有渗漏现象。

5.2　一般项目

5.2.1　防水混凝土表面应密实、平整，不得有蜂窝、麻面、露筋等缺陷。

5.2.2　防水混凝土表面的裂缝宽度不应大于 0.2mm，并不得贯通。

5.2.3　蓄水池上所留设的溢水口、过水孔、排水管、溢水管等，其位置、标高和尺寸均应符合设计要求。

5.2.4 蓄水池结构的允许偏差和检验方法应符合表 11-1 的规定。

蓄水池结构允许偏差及检查方法 **表 11-1**

项目	允许偏差（mm）	检验方法
长度、宽度	+15，−10	尺量检查
厚度	±5	
表面平整度	5	2m 靠尺和塞尺检查
排水坡度	符合设计要求	坡度尺寸检查

6 成品保护

6.0.1 蓄水池除采用防水混凝土结构外，迎水面应加抹防水砂浆保护。

6.0.2 蓄水隔热层的所有孔洞应预留，不得后凿。所设置的给水管、排水管和溢水管等，应在防水层施工前安装完毕。

6.0.3 施工防水混凝土时，除应铺设隔离层外，还应防止施工机具或材料损坏防水层。

6.0.4 蓄水池蓄水后不得断水。

6.0.5 施工过程中，对水落口应采取临时措施封口，防止杂物进入造成堵塞。

7 注意事项

7.1 应注意的质量问题

7.1.1 防水混凝土必须一次浇筑完毕，不得留置施工缝，立面与平面的防水层应同时进行。

7.1.2 防水混凝土应随捣随抹，压实抹平，收水后应进行二次压光，终凝后应及时养护。

7.1.3 聚合物水泥防水砂浆应采用干湿交替的养护方法，早起硬化后 7d 内采用潮湿养护，后期采用自然养护。

7.1.4 蓄水池所留设的孔洞和管道，其位置、标高和尺寸均应符合设计要求。

7.2 应注意的安全问题

7.2.1 屋面周边、洞口和脚手架边应设置安全护栏和安全网，以及其他防止人员和物体坠落的防护措施。

7.2.2 施工人员应戴安全帽，系安全带，穿防滑鞋，工作中不得打闹。

7.2.3 施工现场应设置消防设施，加强火源管理。

7.3 应注意的绿色施工问题

7.3.1 突出物清理产生的噪声、扬尘应有效控制；报废的扫帚、砂纸、钢丝刷、防水和密封材料包装物等应及时清理。

7.3.2 施工中生成的建筑垃圾，应及时清理并运送到指定地点。

8 质量记录

8.0.1 材料出厂合格证、质量检验报告及进场复试报告。

8.0.2 隐蔽工程检查验收记录。

8.0.3 淋水或蓄水试验报告。

8.0.4 蓄水隔热层检验批质量验收记录。

8.0.5 蓄水隔热层分项工程质量验收记录。

第12章 架空隔热层

本工艺标准适用于工业与民用建筑卷材、涂膜屋面的架空隔热层工程。

1 引用标准

《建筑工程施工质量验收统一标准》GB 50300—2013

《屋面工程技术规范》GB 50345—2012

《屋面工程质量验收规范》GB 50207—2012

2 术语

2.0.1 架空隔热层：在屋面上采用薄型制品架设一定高度的空间，起到隔热作用的构造层。

3 施工准备

3.1 作业条件

3.1.1 施工前应编制施工方案或技术措施。

3.1.2 屋面的防水层及保护层已施工完毕；屋面防水层的淋水或蓄水试验已完成，并检验合格。

3.1.3 屋顶设备、管道、水箱等已经安装到位。

3.1.4 屋面余料、杂物清理干净。

3.1.5 砌块及架空隔热制品的规格、质量应符合设计要求和相关标准的规定。

3.1.6 架空隔热层的时光环境温度宜为5～35℃。

3.1.7 雨天、雪天和五级风及以上时不得施工。

3.2 材料及机具

3.2.1 混凝土砌块：强度等级符合设计要求，备用数量满足工程需要。

3.2.2 预拌砂浆：强度等级、配合比符合设计要求，备用数量满足工程需要。

3.2.3 预拌混凝土：强度等级、配合比符合设计要求，备用数量满足工程需要。

3.2.4 金属支架：备用数量满足工程需要。

3.2.5 机具：砂浆搅拌机、台秤、大铲、刨锛、铁抹子、灰槽、钢卷尺、水平尺、靠尺板、小白线、砌块夹子、扫帚、5mm 孔径筛子、铁锹、运灰车、运砌块车等。

4　操作工艺

4.1　工艺流程

基层清理 → 弹线分格 → 砌块支座施工 → 架空板铺设

4.2　基层清理

4.2.1 对屋面余料、杂物应进行清理，并清扫表面灰尘。

4.2.2 当屋面防水层未设保护层时，应在架空隔热制品支座底部干铺一层卷材，且突出支座周边宜为 100～150mm。

4.3　弹线分格

4.3.1 根据设计要求，按架空隔热制品的平面布置和架空板的尺寸弹出支座中心线。

4.3.2 架空板与山墙或女儿墙的距离不应小于 250mm。

4.3.3 当屋面宽度大于 10m 时，架空隔热层中部应设置通风屋脊。

4.3.4 架空板应按设计要求设置伸缩缝，如设计无要求，伸缩缝间距不宜大于 12m，伸缩缝宽度宜为 15～20mm。

4.4　砌块支座施工

4.4.1 砌块支座、施工应满足砌体工程施工规范要求。

4.4.2 支座高度应根据屋顶的通风条件确定。如设计无要求，支座高度宜为 180～300mm。

4.4.3 砌块支座可采用支墩或条墙，支座的间距偏差不得大于 10mm。

4.4.4 砌块条墙应根据该地区夏季主导风向布置。

4.4.5 支座施工完毕，应及时清理落地灰和砌块碴，架空层中不得堵塞。

4.5 铺设架空板

4.5.1 架空板坐浆必须饱满，铺设应平整、稳固，板缝应嵌填密实。

4.5.2 横向用拉线，纵向用靠尺，控制好板缝的顺直、板面的坡度和平整度，相邻两块架空板的高低差不得大于 3mm。

4.5.3 铺设架空板时，应及时清理所生成的落地灰。

4.5.4 架空板铺设完毕，应进行 1～2d 的养护，待砂浆强度达到设计要求后，方可上人走动。

5 质量标准

5.1 主控项目

5.1.1 架空隔热制品的质量，应符合设计要求。

5.1.2 架空隔热制品的铺设应平整、稳固，缝隙勾填应密实。

5.2 一般项目

5.2.1 架空隔热制品距山墙或女儿墙不得小于 250mm。

5.2.2 架空隔热层的高度及通风屋脊、伸缩缝做法，应符合设计要求。

5.2.3 架空隔热制品接缝高低差的允许偏差为 3mm。

6 成品保护

6.0.1 在支座底面的卷材、涂膜防水层上，应采取加强措施。

6.0.2 架空板在运输、搬运中应注意避免损伤，堆放板时宜竖向堆放。

6.0.3 清理落地灰和砌块碴时，应避免碰撞刚砌好的支座和损坏已完工的防水层。

6.0.4 架空板坐砌完毕，在养护期间严禁上人踩踏或堆放重物。

6.0.5 在施工过程中，对水落口应采取临时措施封口，防止杂物进入造成堵塞。

7 注意事项

7.1 应注意的质量问题

7.1.1 砌块支座及架空板坐浆必须饱满，架空板铺设应平整、稳固，板缝应用水泥砂浆填塞密实。

7.1.2　架空层通风应顺畅，架空层中不得有杂物堵塞。

7.1.3　架空板有开裂、掉角或缺损时，应及时更换或修补，严重不合格者禁止使用。

7.2　应注意的安全问题

7.2.1　砌块及架空隔热制品等不得在屋面上集中堆放，防止过量超载。

7.2.2　屋面周边、洞口和脚手架边应设置安全护栏和安全网，以及其他防止人员和物体坠落的防护措施。

7.2.3　施工人员应戴安全帽，系安全带，穿防滑鞋，工作中不得打闹。

7.2.4　施工现场应设置消防设施，加强火源管理。

7.3　应注意的绿色施工问题

7.3.1　突出物清理产生的噪声、扬尘应有效控制；报废的扫帚、砂纸、钢丝刷、防水和密封材料包装物等应及时清理。

7.3.2　施工中生成的建筑垃圾，应及时清理并运送到指定地点。

8　质量记录

8.0.1　材料出厂合格证、质量检验报告及进场复试报告。

8.0.2　隐蔽工程检查验收记录。

8.0.3　淋水或蓄水试验报告。

8.0.4　架空热层检验批质量验收记录。

8.0.5　架空隔热层分项工程质量验收记录。

第3篇 屋面防水层

第13章 改性沥青卷材防水层

本工艺标准适用于工业与民用建筑屋面的改性沥青卷材防水层工程。

1 引用文件

《屋面工程技术规范》GB 50345—2012

《屋面工程质量验收规范》GB 50207—2012

《弹性体改性沥青防水卷材》GB 18242—2008

《塑性体改性沥青防水卷材》GB 18243—2008

《自粘聚合物改性沥青防水卷材》GB 23441—2009

《改性沥青聚乙烯胎防水卷材》GB 18967—2009

《带自粘层的防水卷材》GB/T 23260—2009

《沥青基防水卷材用基层处理剂》JC/T 1069—2008

2 术语（略）

3 施工准备

3.1 作业条件

3.1.1 施工前应编制施工方案或技术措施。

3.1.2 屋面基层应坚实、平整、干净、干燥，不得有酥松、起砂、起皮现象。

3.1.3 屋面基层的排水坡度应符合设计要求；基层与突出屋面结构的交接处以及基层转角处，找平层均应做成半径为50mm的圆弧，且应整齐平顺。

3.1.4 封闭式保温层或保温层干燥有困难的卷材屋面，可采用排汽构造措施。

3.1.5 防水施工人员应经过理论与实际施工操作的培训，并持上岗证。

3.1.6　防水卷材进行热熔施工前应申请点火证，经批准后才能施工。施工现场不得有焊接或其他明火作业。

3.1.7　改性沥青卷材防水层的施工环境气温：热粘法不宜低于 5℃；热熔法不宜低于－10℃；自粘法不宜低于 10℃。

3.1.8　雨天、雪天和五级风及以上时不得施工。

3.2　材料及机具

3.2.1　改性沥青防水卷材：塑性体改性沥青防水卷材（APP），弹性体改性沥青防水卷材（SBS），改性沥青聚乙烯胎防水卷材（PEE），自粘聚合物改性沥青防水卷材等。改性沥青卷材的物理性能应符合表 13-1 的规定。

改性沥青卷材物理性能指标　　表 13-1

项目	塑性体改性沥青防水卷材	弹性体改性沥青防水卷材	自粘聚合物改性沥青防水卷材		改性沥青聚乙烯胎防水卷材
			N类	PY类	
耐热性	无流淌、 滴落≤2mm Ⅰ型：110℃； Ⅱ型：130℃	无流淌、滴落， Ⅰ型：90℃； Ⅱ型：105℃	70℃滑动 不超过 2mm	70℃无滑动、 流淌、滴落	无流淌、起泡 T型：90℃； S型：70℃
低温柔性	无裂缝 Ⅰ型：－7℃； Ⅱ型：－15℃	无裂缝 Ⅰ型：－20℃； Ⅱ型：－25℃	无裂纹 PE型：Ⅰ：－20℃； Ⅱ：－30℃； PET型：Ⅰ：－20℃； Ⅱ：－30℃； D型：－20℃	无裂纹 Ⅰ：－20℃； Ⅱ：－30℃	无裂纹 T型：O：－5℃； M：－10℃； P：－20℃； R：－20℃； S型：M：－20℃
不透水性	≥30min，Ⅰ型：PY≥0.3MPa， G≥0.2MPa；Ⅱ型：≥0.3MPa		0.2MPa， 120min 不透水	0.3MPa， 120min 不透水	0.4MPa， 30min 不透水
拉力 N/50mm	Ⅰ型：PY≥500，G≥350； Ⅱ型：PY≥800，G≥500，PYG≥900		—		—
断裂 延伸率	—	—	PE≥250%， PET≥150%	—	≥120%
最大拉力 时延伸率	—	—	PE≥200%， PET≥30%	Ⅰ≥30%， Ⅱ≥40%	—
剥离强度	—	—	卷材与卷材≥1.0N/mm； 卷材与铝板≥1.5N/mm		—
持粘性	—	—	≥20min	≥15min	—
浸水后 剥离强度	—	—	—		—
热老化后 剥离强度	—	—	—		—

3.2.2　胶粘剂：高聚物改性沥青胶粘剂。

3.2.3　基层处理剂：石油沥青冷底子油，胶粘剂稀释液。

3.2.4　密封材料：改性石油沥青密封胶。

3.2.5　机具：喷涂机、电动搅拌机、小平铲、扫帚、油漆刷、铁桶、胶皮刮板、单双筒火焰加热器、手持压辊、手推车、防护用品、消防器材等。

4　操作工艺

4.1　工艺流程

基层清理 → 喷涂基层处理剂 → 卷材附加层 → 大面积铺贴卷材 →

细部处理 → 淋水、蓄水试验

4.2　基层清理

4.2.1　清理基层表面杂物和尘土。

4.2.2　基层必须干燥。

4.3　喷涂基层处理剂

4.3.1　基层处理剂应与防水卷材的材性相容。

4.3.2　基层处理剂应配比准确，并应搅拌均匀。

4.3.3　喷涂时应先用油漆刷对屋面节点、拐角、周边转角等处涂刷，然后大面积部位喷涂。

4.3.4　基层处理剂可采取喷涂法或涂刷法施工，喷涂应均匀一致，无露底，干燥后应及时铺贴卷材。

4.4　卷材附加层

4.4.1　檐沟、天沟与屋面交接处、屋面平面与立面交接处，以及水落口、伸出屋面管道根部等部位，应设置卷材附加层。

4.4.2　卷材附加层应采用满粘法粘贴牢固，并应用压辊压实。

4.5　大面积铺贴卷材

4.5.1　在基层上弹出基准线的位置，卷材宜采用平行或垂直屋脊铺贴，上下层卷材不得相互垂直铺贴。平行于屋脊铺贴时，搭接缝应顺流水方向；垂直于屋脊铺贴时，搭接缝应顺年最大频率风向。

4.5.2　改性沥青卷材宜单层或双层铺贴。铺贴卷材应采用搭接法，上下层及相邻两幅卷材的搭接缝应错开。上下层卷材的长边搭接缝错开不得小于幅宽的

1/3，相邻两幅卷材的短边搭接缝错开不得小于 500mm。

4.5.3 采用胶粘剂时，卷材长边和短边的搭接宽度均为 100mm。采用自粘时，卷材长边和短边的搭接宽度均为 80mm。

4.5.4 热熔法铺贴卷材

1 将卷材放在弹好的基准线位置上，并用火焰加热烘烤卷材底面与基层的交接处，加热器的喷嘴距卷材面的距离应适中，幅宽内加热应均匀，以卷材表面熔融至光亮黑色为度，不得过分加热卷材。

2 卷材表面沥青热熔后应立即滚铺卷材，滚动时应排除卷材与基层之间的空气，压实使之平展并粘贴牢固。

3 卷材的搭接部位以均匀地溢出改性沥青胶结料为度，溢出的改性沥青胶结料宽度宜为 8mm，并宜均匀顺直。

4 在搭接部位必须把下层的卷材搭接边 PE 膜、铝膜或矿物粒（片）料清除干净后再进行热熔处理。

5 厚度小于 3mm 的高聚物改性沥青防水卷材，严禁采用热熔法施工。

4.5.5 自粘法铺贴卷材

1 将卷材背面的隔离纸撕掉，直接粘贴于弹好基准线的基层上，排除卷材下面的空气，辊压平整，粘贴牢固。

2 低温施工时，立面、大坡面及搭接部位宜采用热风机加热，加热后随即粘贴牢固。

3 接缝口用材性相容的密封材料封严，宽度不应小于 10mm。

4.5.6 热粘法铺贴卷材

1 熔化热熔型改性沥青胶结料时，宜采用专用导热油炉加热，加热温度不应高于 200℃，使用温度不宜低于 180℃。

2 将卷材放在弹好的基准线位置上，将热熔好的改性沥青胶结料摊铺在基层上，其厚度宜为 1.0～1.5mm。

3 铺贴卷材时，应随刮随滚铺卷材，并应展平压实。

4 卷材边挤出的多余胶结料应及时刮去。

4.6 细部处理

4.6.1 天沟、檐沟部位

1 天沟、檐沟的防水层下应增设附加层，附加层伸入屋面的宽度不应小于

250mm。

2 檐沟防水层和附加层应由沟底翻上至沟外檐顶部，卷材收头应用金属压条钉压固定，并用密封材料封严。

4.6.2 女儿墙泛水部位

1 女儿墙泛水部位的防水层下应增设附加层，附加层在平面和立面的宽度均不应小于250mm。

2 低女儿墙泛水处的防水层收头可直接贴至压顶下，卷材收头应用金属压条钉压固定，并用密封材料封严；压顶应作防水处理。

3 高女儿墙泛水处的防水层泛水高度不应小于250mm，防水层收头应用金属压条钉压固定，并用密封材料封严；泛水上部的墙体应作防水处理。

4.6.3 变形缝部位

1 变形缝泛水处的防水层下应增设附加层，附加层在平面和立面上的宽度均不应小于250mm；卷材应铺贴到变形缝两侧泛水墙的顶部。

2 变形缝内应预填不燃保温材料，上部应采用防水卷材封盖，并填放衬垫材料，再在其上干铺一层卷材。

3 等高变形缝顶部宜加扣混凝土盖板或金属盖板，盖板的接缝处要用油膏嵌封严密。

4 高低跨变形缝在立墙泛水处，应用有足够变形能力的材料和构造作密封处理。

4.6.4 水落口部位

1 水落口的金属配件应作防锈处理。

2 水落口杯应牢固地固定在承重结构上，其埋设标高应根据附加层厚度及排水坡度加大的尺寸确定。

3 水落口周围500mm范围坡度不应小于5%，防水层下应增设附加层。

4 防水层和附加层贴入水落口杯内不应小于50mm，并应粘结牢固。

4.6.5 伸出屋面管道

1 管道根部找平层应抹出高度不小于30mm的排水坡。

2 管道泛水处的防水层下应增设附加层，附加层在平面和立面上的宽度均不应小于250mm。

3 管道泛水处的防水层的泛水高度不应小于250mm。

4　卷材收头处用金属箍箍紧，并用密封材料封严。

4.6.6　檐口部位

1　檐口 800mm 范围内卷材应采取满粘法。

2　卷材收头应采用金属压条钉压固定，并用密封材料嵌填封严。

3　檐口下端应抹出鹰嘴和滴水槽。

4.7　淋水、蓄水试验

检查屋面有无渗漏、积水和排水系统是否畅通，可在雨后或持续淋水 2h 后进行。具备蓄水条件的檐沟、天沟应进行蓄水试验，其蓄水时间不应少于 24h，同时要做好试水记录。

5　质量标准

5.1　主控项目

5.1.1　改性沥青卷材及配套材料，必须符合设计要求。

5.1.2　卷材防水层不得有渗漏或积水现象。

5.1.3　卷材防水层在天沟、檐沟、檐口、水落口、泛水、变形缝和伸出屋面管道的防水构造，应符合设计要求。

5.2　一般项目

5.2.1　卷材防水层的搭接缝应粘结牢固，密封严密，不得有扭曲、皱折和翘边等缺陷。

5.2.2　卷材防水层的收头应与基层粘结，钉压应牢固，密封应严密。

5.2.3　屋面排汽构造的排汽道应纵横贯通，不得堵塞；排汽管应安装牢固，位置应正确，封闭应严密。

5.2.4　防水卷材的铺贴方向应正确，卷材搭接宽度的允许偏差为－10mm。

6　成品保护

6.0.1　伸出屋面管道、设备或预埋件等，应在防水层施工前安设完毕。防水层完工后，不得进行凿孔、打洞或重物冲击等有损防水层的作业。

6.0.2　如需在防水层已完的屋面上安装设备，应在设备基座部位做附加层。

6.0.3　防水层施工时要注意施工保护，每日施工结束前应将卷材末端收头及封边处理做好，以免被风刮起。

6.0.4 操作人员不可穿带钉子的鞋，运料的小车支脚要做橡胶套，铺设水泥砂浆时要防止铁锹、铁抹子刮破防水层。

6.0.5 防水层施工完后，应及时将杂物清理干净。屋面应排水畅通，水落口不得堵塞。

6.0.6 防水层经检查，发现鼓泡和渗漏等缺陷应及时治理。

7 注意事项

7.1 应注意的质量问题

7.1.1 热熔法施工时，应注意火焰加热器的喷嘴与卷材面的距离保持适中，幅宽内加热应均匀，防止过分加热卷材。厚度小于3mm的卷材，严禁采用热熔法施工。

7.1.2 卷材防水层易拉裂部位，宜选用空铺、点粘、条粘等施工方法；结构易发生较大变形、易渗漏和损坏的部位，应设置卷材附加层；在坡度较大和垂直面上粘贴卷材时，宜采用机械固定和对固定点进行密封的方法。

7.1.3 施工中卷材下的空气必须辊压排出，使卷材与基层粘贴牢固，防止空鼓、气泡。

7.1.4 卷材屋面采用排汽构造措施时，排气道应纵横贯通，不得堵塞；排汽管应安装牢固，位置应正确，封闭应严密。

7.2 应注意的安全问题

7.2.1 作业现场应健全防火制度，完善消防设施，消除火灾隐患，杜绝火灾发生，易燃材料应有专人保存管理。

7.2.2 操作人员应穿工作服、防滑鞋、戴安全帽、手套等劳保用品。当配制和使用有毒材料时，还必须戴口罩和防护眼镜，严禁毒性材料与皮肤接触及入口。

7.2.3 屋面四周、洞口、脚手架边均应设有防护栏杆和支设安全网，高空作业防止坠物伤人和坠落事故。

7.2.4 采用热熔法施工时，持枪人应注意观察周边人员位置，避免火焰喷嘴直接对人。

7.2.5 采用热熔和热粘施工时，现场应准备粉末灭火器材或砂袋等。防水材料应储存在阴凉通风的室内，避免雨淋、日晒和受潮变质，并远离火源、热源。

7.3　应注意的绿色施工问题

7.3.1　基层表面砂浆硬块及突出物清理产生的噪声、扬尘应有效控制；报废的扫帚、砂纸、钢丝刷、防水和密封材料包装物等应及时清理。

7.3.2　胶粘剂、基层处理剂应用密封桶包装，防止挥发、遗洒。

7.3.3　防水材料的边角料应回收处理。

7.3.4　基层处理剂、胶粘剂和涂料，应符合《建筑防水涂料有害物质限量》JC 1066 的有关规定；当配制和使用有毒材料时，现场必须采取通风措施。

8　质量记录

8.0.1　卷材及辅助材料出厂合格证、质量检验报告及进场复试报告。

8.0.2　淋水或蓄水试验记录。

8.0.3　隐蔽工程检查验收记录。

8.0.4　卷材防水层检验批质量验收记录。

8.0.5　卷材防水层分项工程质量验收记录。

第14章　高分子卷材防水层

本工艺标准适用于工业与民用建筑屋面的高分子卷材防水层工程。

1　引用标准

《建筑工程施工质量验收统一标准》GB 50300—2013

《屋面工程技术规范》GB 50345—2012

《屋面工程质量验收规范》GB 50207—2012

《聚氯乙烯（PVC）防水卷材》GB 12952—2011

《氯化聚乙烯防水卷材》GB 12953—2003

《高分子防水材料　第1部分：片材》GB 18173.1—2012

《高分子防水卷材胶粘剂》JC/T 863—2011

2　术语

2.0.1　合成高分子防水卷材：以合成橡胶、合成树脂或两者共混体为基料，加入适量化学助剂和填充材料，采用橡胶或塑料加工工艺制成的合成高分子卷材。

2.0.2　满粘法：铺贴防水卷材时，卷材与基层采用全部粘结的施工方法。

2.0.3　空铺法：铺贴防水卷材时，卷材与基层在周边一定宽度内粘结，其余部分不粘结的施工方法。

2.0.4　点粘法：铺贴防水卷材时，卷材或打孔卷材与基层采用点状粘结的施工方法。

2.0.5　条粘法：铺贴防水卷材时，卷材与基层采用条状粘结的施工方法。

2.0.6　冷粘法：在常温下采用胶粘剂等材料进行卷材与基层卷材、卷材与卷材粘结的施工方法。

2.0.7　自粘法：采用带有自粘胶的防水卷材进行粘结的施工方法。

2.0.8　热风焊接法：采用热空气焊枪进行防水卷材搭接粘合的施工方法。

3　施工准备

3.1　作业条件

3.1.1　施工前应编制施工方案或技术措施。

3.1.2　屋面基层应坚实、平整、干净、干燥，不得有酥松、起砂、起皮现象。

3.1.3　屋面基层的排水坡度应符合设计要求，基层与突出屋面结构的交接处以及基层转角处，找平层应做成半径为 20mm 的圆弧。

3.1.4　封闭式保温层或保温层干燥有困难的卷材屋面，可采用排汽构造措施。

3.1.5　防水施工人员应经过理论与实际施工操作的培训，并持上岗证。

3.1.6　施工现场不得有焊接或其他明火作业。

3.1.7　合成高分子卷材防水层的施工环境气温：冷粘法不宜低于 5℃；自粘法不宜低于 10℃；热风焊接法不宜低于－10℃。

3.1.8　雨天、雪天和五级风及其以上时不得施工。

3.2　材料及机具

3.2.1　高分子卷材：

三元乙丙橡胶（EPDM）防水卷材、聚氯乙烯（PVC）防水卷材、氯化聚乙烯（CPE）防水卷材、氯化聚乙烯-橡胶共混防水卷材等。高分子卷材的物理性能应符合表 14-1 的规定。

高分子卷材物理性能指标　　**表 14-1**

项目	聚氯乙烯（PVC）防水卷材	氯化聚乙烯（CPE）防水卷材		氯化聚乙烯-橡胶共混防水卷材	三元乙丙橡胶（EPDM）防水卷材	
		N 类	L 类、W 类		无增强	内增强
拉伸强度	—	Ⅰ≥5.0MPa Ⅱ≥8.0MPa	—	S 型≥7.0MPa N 型≥5.0MPa	23℃：≥7.5MPa 60℃：≥2.3MPa	—
拉力	—	—	Ⅰ≥70N/cm Ⅱ≥120N/cm	—	—	最大：≥200（N/10mm）
断裂伸长率	—	Ⅰ≥200％ Ⅱ≥300％	Ⅰ≥125％ Ⅱ≥250％	S 型≥400％ N 型≥250％	23℃：≥450 －20℃：≥200	—

续表

项目	聚氯乙烯（PVC）防水卷材	氯化聚乙烯（CPE）防水卷材		氯化聚乙烯-橡胶共混防水卷材	三元乙丙橡胶（EPDM）防水卷材	
		N类	L类、W类		无增强	内增强
撕裂强度	—	—		—	≥25kN/m	—
抗穿孔性	—	不渗水		—	—	
低温弯折性	−25℃无裂纹	Ⅰ型：−20℃ Ⅱ型：−25℃无裂纹		—	−40℃无裂纹	
脆性温度	—	—		S型：−40℃ N型：−20℃	—	
不透水性	0.3MPa，2h不透水	不透水		30min不透水 S型：0.3MPa N型：0.2MPa	—	
抗冲击性能	0.5kg·m，不透水	—		—	—	
直角形撕裂强度	—	—		S型≥24.5kN/m N型≥20.0kN/m	—	

3.2.2 胶粘剂：高分子防水卷材胶黏剂按施工部位分为基底胶和搭接胶两种。

3.2.3 胶粘带丁基橡胶防水密封胶粘带。按粘结面分为单面胶粘带和双面胶粘带，按用途分为高分子防水卷材和金属板屋面用。

3.2.4 基层处理剂：由生产厂家供应。

3.2.5 密封材料：合成高分子密封胶。

3.2.6 机具：高压吹风机、喷涂机、电动搅拌机、小平铲、扫帚、嵌缝挤压枪、钢管、滚刷、油漆刷、铁桶、橡皮刮板、手持压辊、压辊、喷灯、热风焊枪、手推车、防护用品、消防器材等。

4 操作工艺

4.1 工艺流程

基层清理→喷涂基层处理剂→卷材附加层→大面积铺贴卷材→卷材接缝粘结→细部处理→淋水、蓄水试验

4.2 基层清理

4.2.1 必须将基层表面的突起物、砂浆疙瘩等异物铲除，多次将尘土杂物

清扫干净。最后一次最好用高压吹风机进行清理。如发现油污、铁锈等，要用砂纸、钢丝刷或溶剂清除。

4.2.2 铺贴卷材采用满粘法时，基层必须干燥。其含水率不得大于 9%。简易检测方法是将 $1m^2$ 卷材或塑料布平铺在基层上，静置 3～4h 后掀开检查，若基层覆盖部位及卷材或塑料布上未见水印即可铺贴卷材。

4.3 喷涂基层处理剂

4.3.1 基层处理剂应与防水卷材的材性相容。

4.3.2 基层处理剂应配比准确，并应搅拌均匀。

4.3.3 喷涂时应先用油漆刷对屋面节点、拐角、周边转角等处涂刷，然后大面积部位喷涂。

4.3.4 基层处理剂可采取喷涂法或涂刷法施工，喷涂应均匀一致，无露底，干燥后应及时铺贴卷材。

4.4 卷材附加层

4.4.1 檐沟、天沟与屋面交接处，屋面平面与主面交接处，以及水落口、伸出屋面管道根部等部位，应设置卷材附加层。

4.4.2 卷材附加层应采用满粘法粘贴牢固，并应用压辊压实。

4.5 大面积铺贴卷材

4.5.1 在基层上弹出基准线的位置，卷材宜采用单行或垂直屋脊铺贴。平行于屋脊铺贴时，应顺流水方向；垂直于屋脊铺贴时，搭接缝应顺最大频率风向。

4.5.2 高分子卷材应单层铺贴。铺贴卷材应采用搭接法，相邻两幅卷材的短边搭接缝应错开不得小于 500mm。

4.5.3 采用胶粘剂时，卷材长边和短边的搭接宽度均为 80mm；采用胶粘带时，卷材长边和短边的搭接宽度均为 50mm；采用单缝焊时，卷材长边和短边的搭接宽度均为 60mm，有效焊接宽度不得小于 25mm；采用双缝焊时，卷材长边和短边的搭接宽度均为 80mm，有效焊接宽度应为 10mm×2+空腔宽。

4.5.4 冷粘法施工

1 将卷材展开摊放在平坦干净的基层上，先用潮布擦净卷材表面浮尘，再用长把滚刷蘸配套的基底胶均匀地涂刷在卷材表面，要求刷胶薄而均匀，不得漏刷。在搭接缝 80mm 范围内，不得刷基底胶。

2　在已弹好基准线待铺贴卷材的基层表面上用长把滚刷蘸基底胶均匀涂刷，要求刷胶薄而均匀，不堆积、不露底。

3　待卷材及基层表面的胶粘剂手触不粘和基本干燥时，方可进行卷材的铺贴。

4　将卷材的一端粘贴固定在预定的部位，再沿基准线铺展卷材。铺展时，对卷材不要拉得过紧，可每隔 1m 左右对准基准线粘贴一下，以此顺序对线铺贴，并用手持压辊滚压粘贴牢固；铺贴的卷材应平整顺直，搭接尺寸准确，不得皱折、扭曲和空鼓。

5　大面积铺贴卷材时可采用平铺法或滚铺法。平铺法是先翻开半幅卷材按本条 1～4 要求进行刷胶、晾置、粘结，然后再翻开另半幅卷材用同样方法进行卷材铺贴；滚铺法是先按本条 1～3 要求进行刷胶、晾置，再将胶粘剂达到干燥的卷材用塑料管成卷，穿入钢管后由两人同时进行卷材的滚铺，并按本条 4 要求进行铺贴。

4.5.5　自粘法施工

1　将卷材背面的隔离纸撕掉，直接粘贴于弹好基准线的基层上，排除卷材下面的空气，辊压平整，粘贴牢固。

2　低温施工时，立面、大坡面及搭接部位宜采用热风机加热，加热后随即粘贴牢固。

3　接缝口用材性相容的密封材料封严，宽度不应小于 10mm。

4.6　卷材接缝粘结

4.6.1　卷材接缝采用胶粘剂

1　卷材搭接缝部位必须干净、干燥。应用蘸有配套的清洗剂的棉丝擦净，待清洗剂挥发后方可进行粘结。

2　粘结时将配套的接缝胶用油漆刷分别涂刷在卷材搭接缝的两个粘结面上，涂刷要均匀，待手触不粘时即可进行粘结。

3　粘结应从一端开始，顺卷材长边方向粘结，并用手持压辊滚压粘接牢固。

4.6.2　卷材接缝采用胶粘带

1　卷材搭接缝部位必须干净、干燥。应用蘸有配套的清洗剂的棉丝擦净，待清洗剂挥发后方可进行粘结。必要时粘合面可涂刷与卷材及胶粘带材性相容的基层胶粘剂。

2　撕去胶粘带隔离纸后，应及时粘合接缝部位的卷材，并应辊压粘贴牢固。

3　低温施工时，宜采用热风机加热。

4.6.3　卷材接缝采用热焊接

1　卷材搭接缝部位必须干净、干燥。应用蘸有配套的清洗剂的棉丝擦净，待清洗剂挥发后方可进行粘结。

2　热塑性高分子卷材的热焊接方式有热合焊接和热熔焊接。大面积施工时，应采用自行式热合焊接，形成带空腔的热合双焊缝，并用充气做正压检漏试验，检查焊缝质量、细部构造施工时，应采用自控式挤压热熔焊机，用同材质焊条焊接，形成挤压熔焊的单焊缝，用真空负压检漏试验检查焊缝质量。

3　在正式焊接前，必须根据卷材厚度、气温、风速及焊机速度调整设备参数，并应取 300mm×600mm 的卷材做试件进行试焊。焊后切取试样进行剪切和剥离检验，符合规定视为合格。

4　热合焊接工艺（热合焊机双焊缝）：

焊接时宜先焊长边，后焊短边。

焊接程序：调准膜面尺寸→膜面清理、打毛、热合焊接→外观检查→正压检漏→切取试件做焊缝的剪切和剥离试验→质量验收

5　热熔焊接工艺（挤压焊机单焊缝）：

焊接程序：膜面清理→热风粘结定位→焊缝打毛→热熔焊接→外观检查→真空负压检漏→切取试件做焊缝的剪切和剥离试验→质量验收

6　对初检不合格的部位，可在取样部位附近重新取样测试，以确定有问题的范围，并采用补焊或加覆一块等方法修补，直至合格为止。

4.6.4　卷材接缝采用机械固定

1　卷材搭接缝部位必须干净、干燥。应用蘸有配套的清洗剂的棉丝擦净，待清洗剂挥发后方可进行粘结。

2　卷材应采用螺钉和金属垫片或压条等专用固定件进行机械固定。

3　固定件应设置在卷材搭接缝内，外露固定件应用卷材封严。固定件采用螺钉加垫片时，固定件上应加盖 200mm×200mm 卷材封盖；固定件采用螺钉加压条时，固定件上应加盖不小于 150mm 宽卷材封盖。

4　固定件应垂直钉入结构层有效固定，固定件间距应根据抗风揭试验和当

地使用环境与条件确定，并不宜大于600mm。

5 卷材搭接缝应粘结或焊接牢固，密封应严密。

6 卷材防水层周边800mm范围内应满粘，卷材收头应用金属压条钉压固定和密封处理。

4.7　细部处理

4.7.1 天沟、檐沟部位

1 天沟、檐沟防水层和附加层铺贴时应从沟底开始，纵向铺贴；如沟底过宽，纵向搭接缝宜留在屋面或沟的两侧，附加层介入屋面的宽度不应小于250mm。

2 卷材应由沟底翻上至沟外檐顶部，卷材收头应用金属压条钉压，并用密封材料封严。

3 沟内卷材附加层在天沟、檐沟与屋面交接处宜空铺，空铺的宽度不应小于200mm。

4.7.2 女儿墙泛水部位

1 女儿墙泛水处的防水层下应增设附加层，铺贴泛水的卷材应采取满粘法，附加层在平面和立面的宽度均不应小于250mm。卷材的泛水高度也不应小于250mm。

2 低女儿墙泛水处的防水层收头可直接铺压在女儿墙压顶下，卷材收头用金属压条钉压固定，并用密封材料封严，压顶应做防水处理。

3 高女儿墙泛水处的防水层泛水高度不应小于250mm，防水层收头用金属压条钉压固定，并用密封材料封严，防水上部的墙体应作防水处理。

4.7.3 变形缝部位

1 变形缝泛水处的防水层下应增设附加层，附加层在平面和立面的宽度均不应小于250mm。

2 卷材应铺贴到变形缝两侧泛水墙的顶部。

3 缝内应填不燃保温材料，在其上覆盖一层卷材并向缝中凹伸，上放圆形衬垫材料，再铺设上层的合成高分子卷材附加层，使其形成Ω形覆盖。

4 变形缝顶部应加扣混凝土盖板或金属盖板，盖板的接缝处要用油膏嵌封严密。

5 高低跨变形缝在立墙泛水处，用有足够变形能力的材料和构造作密封处理。

4.7.4　水落口部位

1　水落口杯上口的标高应设置在沟底的最低处。

2　防水层和附加层贴入水落口杯内不应小于 50mm，并涂刷防水涂料 1～2 遍。

3　水落口周围直径 500mm 范围内的坡度不应小于 5%。

4　水落口的金属配件应作防锈处理，水落口杯应牢固地固定在承重结构上。

4.7.5　伸出屋面管道部位

1　伸出屋面的管道周围应用水泥砂浆做成圆锥形的找平台，台高 200mm，并以 30%找坡，在管四周与圆锥台交接部位应留 20mm 的凹槽，并嵌填密封材料。

2　管道泛水处的防水层下应增设附加层，附加层在平面和立面上的宽度均不应小于 250mm。卷材的泛水高度也不应小于 250mm。

3　卷材收头处用金属箍箍紧，并用密封材料封严。

4.7.6　檐口部位

1　檐口 800mm 范围内卷材应采取满粘法。

2　卷材收头应采用金属压条钉压固定，并用密封材料嵌填封严。

3　檐口下端应抹出鹰嘴和滴水槽。

4.8　淋水、蓄水试验

检查屋面有无渗漏、积水，排水系统是否畅通，可在雨后或持续淋水 2h 后进行。在有可能做蓄水检验的屋面，其蓄水时间不应少于 24h，同时要做好试水记录。

5　质量标准

5.1　主控项目

5.1.1　高分子卷材及其配套材料的质量，应符合设计要求。

5.1.2　卷材防水层不得有渗漏或积水现象。

5.1.3　卷材防水层在檐口、檐沟、天沟、水落口、泛水、变形缝和伸出屋面管道的防水构造，应符合设计要求。

5.2　一般项目

5.2.1　卷材防水层搭接缝应粘结或焊接牢固，密封严密，不得扭曲、皱折、翘边。

5.2.2 卷材防水层的收头应与基层粘结，钉压应牢固，密封应严密。

5.2.3 卷材铺贴方向应正确，卷材搭接宽度的允许偏差为－10mm。

5.2.4 屋面排汽构造的排汽道应纵横贯通，不得堵塞；排汽管应安装牢固，位置应正确，封闭应严密。

6 成品保护

6.0.1 伸出屋面管道、设备或预埋件等，应在防水层施工前安设完毕。防水层完工后，不得进行凿孔、打洞或重物冲击等有损防水层的作业。

6.0.2 如需在防水层已完的屋面上安装设备，应在设备基座部位做附加层。

6.0.3 防水层施工时要注意施工保护，每日施工结束前应将卷材末端收头及封边处理做好，以免被风刮起。

6.0.4 操作人员不可穿带钉子的鞋，运料的小车支脚要做橡胶套，铺设水泥砂浆时要防止铁锹、铁抹子刮破防水层。

6.0.5 防水层施工完后，应及时将杂物清理干净。屋面应排水畅通，水落口不得堵塞。

6.0.6 防水层经检查发现鼓泡和渗漏等缺陷应及时治理。

7 注意事项

7.1 应注意的质量问题

7.1.1 铺贴高分子卷材时要展平并与基层服帖，但不可用力拉伸来展平卷材。

7.1.2 冷粘法施工时，应控制胶粘剂与卷材铺贴的间隔时间，以免影响结结力和粘结的牢固性。

7.1.3 施工中卷材下的空气必须辊压排出，使卷材与基层粘贴牢固，防止空鼓、气泡。

7.1.4 卷材防水层易拉裂部位，宜选用空铺、点粘、条粘等施工方法；结构易发生较大变形、易渗漏和损坏的部位，应设置卷材附加层；在坡度较大和垂直面上粘贴卷材时，宜采用机械固定和对固定点进行密封的方法。

7.1.5 卷材屋面采用排汽构造措施时，排汽道应以模具道不得堵塞；排汽管应安装牢固，位置应正确，封闭应严密。

7.1.6 施工时附加层应仔细操作，保护好接槎卷材，搭接应满足宽度要求，保证特殊部位的施工质量。防止转角、管根、变形缝处不易操作而渗漏。

7.2 应注意的安全问题

7.2.1 作业现场应健全防火制度，完善消防设施，消除火灾隐患，杜绝火灾发生，易燃材料应有专人保存管理。

7.2.2 操作人员应穿工作服、防滑鞋、戴安全帽、手套等劳保用品。当配制和使用有毒材料时，还必须戴口罩和防护眼镜，严禁毒性材料与皮肤接触及入口。

7.2.3 屋面四周、洞口、脚手架边均应设有防护栏杆和支设安全网，高空作业防止坠物伤人和坠落事故。

7.2.4 采用热熔法施工时，持枪人应注意观察周边人员位置，避免火焰喷嘴直接对人。

7.2.5 采用热熔和热粘施工时，现场应准备粉末灭火器材或砂袋等。防水材料应储存在阴凉通风的室内，避免雨淋、日晒和受潮变质，并远离火源、热源。

7.3 应注意的绿色施工问题

7.3.1 基层表面砂浆硬块及突出物清理产生的噪声、扬尘应有效控制；报废的扫帚、砂纸、钢丝刷、防水和密封材料包装物等应及时清理。

7.3.2 胶粘剂、基层处理剂应用密封桶包装，防止挥发、遗洒。

7.3.3 防水材料的边角料应回收处理。

7.3.4 基层处理剂、胶粘剂和涂料，应符合《建筑防水涂料中有害物质限量》JC 1066 的有关规定；当配制和使用有毒材料时，现场必须采取通风措施。

8 质量记录

8.0.1 卷材及辅助材料出厂合格证、质量检验报告和进场复试报告。

8.0.2 雨后观察、淋水或蓄水试验记录。

8.0.3 隐蔽工程检查验收记录。

8.0.4 卷材防水层检验批质量验收记录。

8.0.5 卷材防水层分项工程质量验收记录。

第15章　涂膜防水层

本工艺标准适用于工业与民用建筑屋面的涂膜防水层工程。

1　引用标准

《屋面工程技术规范》GB 50345—2012

《屋面工程质量验收规范》GB 50207—2012

《建筑工程施工质量验收统一标准》GB 50300—2013

《聚氨酯防水涂料》GB/T 19250—2013

《聚合物水泥防水涂料》GB/T 23445—2009

《水乳型沥青防水涂料》JC/T 408—2005

《聚合物乳液建筑防水涂料》JC/T 864—2008

2　术语（略）

3　施工准备

3.1　作业条件

3.1.1　施工前应编制施工方案或技术措施。

3.1.2　屋面基层应坚实、平整，干净，应无孔隙、起砂和裂缝。当采用溶剂型、热熔型和反应固化型防水涂料时，基层应干燥。

3.1.3　防水施工人员应经过理论与实际施工操作的培训，并持上岗证。

3.1.4　防水涂料进行热熔施工前应申请点火证，经批准后才能施工。施工现场不得有焊接或其他明火作业。

3.1.5　涂膜防水层的施工环境温度：水乳型及反应型涂料宜为5～35℃，溶剂型涂料宜为－5～35℃，热熔型涂料不宜低于－10℃，聚合物水泥涂料宜为5～35℃。

3.1.6　雨天、雪天和五级风及以上时不得施工。

3.2　材料及机具

3.2.1　高聚物改性沥青防水涂料（水乳型、溶剂型、热熔型）、合成高分子防水涂料（反应固化型、挥发固化型）、聚合物水泥防水涂料（Ⅰ型）：配合比符合要求。物理性能指标见表 15-1。

防水涂料物理性能指标　　表 15-1

项目	聚氨酯防水涂料	聚合物水泥防水涂料（Ⅰ型）	水乳型沥青防水涂料	溶剂型橡胶沥青防水涂料	聚合物乳液建筑防水涂料
固体含量	单组分≥85%，多组分≥92%	≥70%	≥45%	≥48%	≥65%
拉伸强度	Ⅰ型≥2.0MPa，Ⅱ型≥6.0MPa，Ⅲ型≥12.0MPa	—	—	—	Ⅰ型≥1.0MPa，Ⅱ型≥1.5MPa
断裂伸长率	Ⅰ型≥500%，Ⅱ型≥450%，Ⅲ型≥250%	—	—	—	300%
粘结强度	—	—	≥0.3MPa	≥0.2MPa	—
低温柔性	−35℃无裂纹	−10℃无裂纹	—	—	绕圆 10mm 棒弯 180°，无裂纹。Ⅰ型：−10℃，Ⅱ型：−20℃
耐热度	—	—	无流淌，滴落，滑动。L 型：80±2℃，H 型 110±2℃	80℃，5h，无流淌，鼓泡，滑动	—
不透水性	不透水（0.3MPa，120min）	不透水 0.3MPa，30min	不渗水 0.1MPa，30min	不渗水 0.2MPa，30min	不透水 0.3MPa，30min
表干时间	≤12h	—	≤8h	—	—
实干时间	≤24h	—	≤24h	—	—
流平性	20min 无明显齿痕	—	—	—	—

3.2.2　胎体增强材料：聚酯无纺布、化纤无纺布。

3.2.3　基层处理剂：由高聚物改性沥青涂料采用石油沥青加底子油；合成高分子涂料水溶型采用掺乳化剂的水溶液或软水稀释，溶剂型采用相应溶剂稀释；聚合物水泥涂料采用乳液和水泥现场配用。

3.2.4 机具：电动搅拌器、嵌缝挤压枪、搅拌桶、小铁桶、小平铲、塑料或橡胶刮板、压辊、长把滚刷、毛刷、小抹子、扫帚、磅秤等。

4　操作工艺

4.1　工艺流程

基层清理 → 喷涂基层处理 → 涂膜附加层 → 涂膜施工 → 细部处理 → 淋水、蓄水试验

4.2　基层清理

4.2.1 清理基层表面的杂物和灰尘，基层应坚实、平整。若存在凹凸不平、起砂、起皮、裂缝、预埋件固定不牢等缺陷，应及时进行修补。

4.2.2 基层干燥程度应与所用防水涂料相适应。

4.3　喷涂基层处理剂

4.3.1 基层处理剂应与防水涂料的材性相容。

4.3.2 基层处理剂应配比准确，并应搅拌均匀。

4.3.3 喷涂时应先用油漆刷对屋面节点、拐角、周边转角等处涂刷，然后大面积部位喷涂。

4.3.4 基层处理剂可采取喷涂法或涂刷法施工，喷涂应均匀一致，干燥后应及时涂布防水涂料。

4.4　涂膜附加层

4.4.1 檐沟、天沟与屋面交接处，屋面平面与立面交接处，以及水落口、伸出屋面管道根部等部位，应设置涂膜防水层。

4.4.2 涂膜附加层应夹铺胎体增强材料。

4.5　涂膜施工

4.5.1 双组分或多组分防水涂料应按配合比准确计量，并应采用电动机具搅拌均匀，已配制的涂料应及时使用；配料时可加入适量的稀释剂、缓凝剂或促凝剂来调节黏度或固化时间，但不得混入已固化的涂料。

4.5.2 水乳型及溶剂型防水涂料宜选用滚涂或喷涂施工；反应固化型防水涂料宜选用刮涂或喷涂施工；热熔型防水涂料和聚合物水泥防水涂料宜选用刮涂

施工；所有防水涂料用于细部构造时宜选用刷涂或喷涂施工。

4.5.3　防水涂料应多遍均匀涂布，后一遍涂料应待前一遍涂料干燥成膜后进行，且前后两遍涂料的涂布方向应相互垂直，涂层的甩槎应注意保护，接槎宽度不应小于 100mm，接槎前应将甩槎表面处理干净。

4.5.4　在涂层间夹铺胎体增强材料时，宜边涂布边铺胎体；胎体应铺贴平整，排除气泡并应与涂料粘结牢固。在胎体上涂布涂料时，应使涂料浸透胎体，并应覆盖完全，不得有胎体外露现象。最上面的涂膜厚度不应小于 1mm。

4.5.5　胎体增强材料平行或垂直屋脊铺设应视方便施工而定。平行于屋脊铺设时，应由最低标高处向上铺设，胎体增强材料应顺流水方向搭接；胎体增强材料长边和短边搭接宽度分别不应大于 50mm 和 70mm。当采用两层胎体增强材料时，上下层的长边搭接缝应错开且不得小于 1/3 幅宽，上下层不得垂直铺设。

4.6　细部处理

4.6.1　天沟、檐沟部位

1　天沟、檐沟的防水层下应增设附加层，附加层伸入屋面的宽度不应小于 250mm。

2　檐沟防水层和附加层应由沟底翻上至沟外檐顶部，涂膜收头应用防水涂料多遍涂刷。

4.6.2　女儿墙泛水部位

1　女儿墙泛水处的防水层下应增设附加层，附加层在平面和立面的宽度均不应小于 250mm。

2　低女儿墙泛水处的防水层收头可直接涂刷至墙压顶下，涂膜收头应用防水涂料多遍涂刷，压顶应作防水处理。

3　高女儿墙泛水处的防水层泛水高度不应小于 250mm，涂膜收头应用防水涂料多遍涂刷；泛水上部的墙体应作防水处理。

4.6.3　变形缝部位

1　变形缝泛水处的防水层下应增设附加层，附加层在平面和立面的宽度均不应小于 250mm；防水涂料应涂至变形缝两侧砌体的顶部。

2　变形缝的泛水高度不应小于 250mm。

3　变形缝内应填充不燃保温材料，上部应采用防水卷材封盖，并填放衬垫材料，再在其上干铺一层卷材。

4　等高变形缝的顶部宜加混凝土盖板或金属盖板；盖板的接缝处要用油膏嵌封严密。

5　高低跨变形缝在立墙泛水处，应用有足够变形能力的材料和构造作密封处理。

4.6.4　水落口部位

1　水落口的金属配件应作防锈处理。

2　水落口杯应牢固地固定在承重结构上。其埋设标高应根据附加层厚度及排水坡度加大的尺寸确定。

3　水落口周围直径 500mm 范围内的坡度不应小于 5%。防水层下应增设附加层。

4　防水层和附加层贴入水落口杯内不应小于 50mm，并应粘结牢固。

4.6.5　伸出屋面管道部位

1　管道等根部，找平层应抹出高度不小于 30mm 的排水坡。

2　管道泛水处的防水层下应增设附加层，附加层在平面和立面上的宽度均不应小于 250mm。

3　管道泛水处的防水层泛水高度也不应小于 250mm。

4　涂膜收头处应用防水涂料多道涂刷。

4.6.6　檐口部位

1　涂膜收头处应用防水涂料多遍涂刷。

2　檐口下端应抹出鹰嘴和滴水槽。

4.7　淋水、蓄水试验

检查屋面有无渗漏、积水，排水系统是否畅通，可在雨后或持续淋水 2h 后进行。在有可能做蓄水检验的屋面，其蓄水时间不应少于 24h，同时要做好试水记录。

5　质量标准

5.1　主控项目

5.1.1　防水涂料和胎体增强材料的质量，应符合设计要求。

5.1.2　涂膜防水层不得有渗漏或积水现象。

5.1.3　涂膜防水层在檐口、檐沟、天沟、水落口、泛水、变形缝和伸出屋面管道的防水构造，应符合设计要求。

5.1.4　涂膜防水层的平均厚度应符合设计要求，且最小厚度不得小于设计厚度的 80%。

5.2　一般项目

5.2.1　涂膜防水层与基层应粘结牢固，表面应平整，涂刷应均匀，不得有流淌、皱折、起泡和露胎体等缺陷。

5.2.2　涂膜防水层的收头应用防水涂料多遍涂刷。

5.2.3　铺贴胎体增强材料应平整顺直，搭接尺寸应准确，应排除气泡，并应与涂料粘结牢固；胎体增强材料的搭接宽度允许偏差为－10mm。

6　成品保护

6.0.1　伸出屋面管道、设备或预埋件等，应在防水层施工前安设完毕。防水层完工后，不得进行凿孔、打洞或重物冲击等有损防水层的作业。

6.0.2　如需在防水层已完的屋面上安装设备，应在设备基座部位做附加层。

6.0.3　防水层施工时要注意施工保护，每日施工结束前应将卷材末端收头及封边处理做好，以免被风刮起。

6.0.4　操作人员不可穿带钉子的鞋，运料的小车落脚要做橡胶套，铺设水泥砂浆时要防止铁锹、铁抹子刮破防水层。

6.0.5　防水层施工完后，应及时将杂物清理干净。屋面应排水畅通，水落口不得堵塞。

6.0.6　防水层经检查发现鼓泡和渗漏等缺陷应及时治理。

7　注意事项

7.1　应注意的质量问题

7.1.1　涂膜施工前，应经试验确定每平方米涂料用量以及涂层需要涂刷的遍数且每平方米涂料用量应保证固体含量不同的涂料成膜后的设计厚度。

7.1.2　防水涂料由于各组分的配料计量不准和搅拌不均匀，将会影响混合料的充分化学反应。配料时应按产品使用说明书准确计量，并采用电动搅拌设备使各组分混合均匀。

7.1.3 涂料施工时应采用多遍涂布，不论是厚质涂料还是薄质涂料，均不得一次成膜。每遍涂布应均匀，不得漏底、漏涂和堆积现象。多遍涂刷时，应待前遍涂层表干后，方可涂刷后一遍涂层，两涂层施工间隔时间不宜过长，否则无形成分层现象。

7.1.4 防水涂层夹铺胎体增强材料时，应先涂刷一遍涂料，随即铺贴胎体增强材料，铺贴应平整，不皱折和翘边，搭接符合要求，干燥后再涂刷一遍涂料，并控制涂层的总厚度。

7.1.5 在结构易发生较大变形、易渗漏和损坏的部位，应设置涂膜防水层，并应夹铺胎体增强材料。

7.2 应注意的安全问题

7.2.1 作业现场应健全防火制度，完善消防设施，消除火灾隐患，杜绝火灾发生，易燃材料应有专人保存管理。

7.2.2 操作人员应穿工作服、防滑鞋、戴安全帽、手套等劳保用品。当配制和使用有毒材料时，还必须戴口罩和防护眼镜，严禁毒性材料与皮肤接触及入口。

7.2.3 屋面四周、洞口、脚手架边均应设有防护栏杆和支设安全网，高空作业应防止坠物伤人和坠落事故。

7.2.4 采用热熔型防水涂料时，现场应准备粉末灭火器材或砂袋等。

7.2.5 防水材料应储存在阴凉通风的室内，避免雨淋、日晒和受潮变质，并远离火源、热源。

7.3 应注意的绿色施工问题

7.3.1 基层表面砂浆硬块及突出物清理产生的噪声、扬尘应有效控制；报废的扫帚、砂纸、钢丝刷、防水和密封材料包装物等应及时清理。

7.3.2 胶粘剂、基层处理剂应用密封桶包装，防止挥发、遗洒。

7.3.3 防水材料的边角料应回收处理。

7.3.4 基层处理剂和防水涂料应符合《建筑防水涂料中有害物质限量》JC 1066的有关规定；当配制和使用有毒材料时，现场必须采取通风措施。

8 质量记录

8.0.1 防水涂料和胎体增强材料出厂合格证、质量检验报告和进场复试报告。

8.0.2　雨后观察、淋水或蓄水试验记录。

8.0.3　隐蔽工程检查验收记录。

8.0.4　涂膜防水层检验批质量验收记录。

8.0.5　涂膜防水层分项工程质量验收记录。

第16章　聚乙烯丙纶卷材复合防水层

本工艺标准适用于工业与民用建筑屋面的聚乙烯丙纶卷材复合防水层工程。

1　引用标准

《建筑工程施工质量验收统一标准》GB 50300—2013

《屋面工程技术规范》GB 50345—2012

《屋面工程质量验收规范》GB 50207—2012

《聚乙烯丙纶卷材复合防水工程技术规程》CECS 199：2006

《高分子防水卷材胶粘剂》JC/T 863—2011

2　术语

2.0.1　聚乙烯丙纶卷材：聚乙烯与助剂等组合热熔后挤出，同时在两面热覆丙纶纤维无纺布形成的卷材。

2.0.2　聚合物水泥防水胶粘材料：以聚合物乳液或聚合物再生粉末等聚合物材料和水泥为主要材料组成，用于粘结聚乙烯丙纶卷材，并具有一定防水功能的材料，简称防水胶粘材料。

2.0.3　聚乙烯丙纶卷材复合防水层：用防水胶粘材料将聚乙烯丙纶卷材粘贴在水泥砂浆或混凝土基面上，共同组成的一道防水层。

3　施工准备

3.1　作业条件

3.1.1　施工前应编制施工方案或技术措施。

3.1.2　防水施工人员应经过理论与实际施工操作的培训，并持上岗证。

3.1.3　基层表面应坚实、平整、清洁，不得有酥松、起砂、起皮、空鼓现象。

3.1.4 基层的排水坡度应符合设计要求，基层与突出屋面结构的交接处及转角处，均应做成半径为20mm的圆弧。

3.1.5 聚乙烯丙纶复合防水层的施工环境气温宜为5～35℃。

3.1.6 雨天、雪天和五级风及以上时不得施工。

3.2 材料及机具

3.2.1 聚乙烯丙纶卷材：物理性能应符合表16-1的规定。

聚乙烯丙纶卷材物理性能指标　　表16-1

项目		指标
断裂拉伸强度（N/cm）	纵向	≥60
	横向	≥60
胶断伸长率（%）	纵向	≥400
	横向	≥400
不透水性0.3MPa	30min	无渗漏
低温弯折性（℃）	−20	无裂纹
加热伸缩量（mm）	延伸	≤2
	收缩	≤4
断裂强度（N）		≥20

3.2.2 防水胶粘材料：物理性能应符合表16-2的规定。

胶粘剂物理力学性能指标　　表16-2

项目			指标	
			基底胶J	搭接胶D
黏度（Pa·s）			产品说明书的指标量值	
不挥发物含量（%）			产品说明书的指标量值	
适用期（min）≥			180	
剪切状态下的粘合性	卷材与卷材	标准试验条件（N/mm）≥	—	3.0或卷材破坏
		热处理后保持率（%）80℃，168h≥	—	70
		碱处理后保持率（%）[10%$Ca(OH)_2$，168h]≥	—	70
	卷材与基底	标准试验条件（N/mm）≥	2.5	—
		热处理后保持率（%）80℃，168h≥	70	—
		碱处理后保持率（%）[10%$Ca(OH)_2$，168h]≥	70	—
剥离强度（N）		标准试验条件（N/mm）≥	—	1.5
		浸水后保持率（%）168h≥	—	70

3.2.3　机具：电动搅拌器、制胶容器、小铁桶、小平铲、塑料或橡胶刮板、长把滚刷、毛刷、小抹子、扫帚、剪子、刀子、压辊、粉线、磅秤等。

4　操作工艺

4.1　工艺流程

基层清理→配制防水胶粘材料→附加层施工→大面积卷材铺贴→细部处理→淋水、蓄水试验

4.2　基层清理

4.2.1　清理基层表面的杂物和灰尘，找平层应抹平压光，表面光滑、洁净。不允许有明显的尖凸、凹陷、起皮、起沙、空鼓等现象。

4.2.2　基层表面不得有明水，如果非常干燥，需在基面表层喷水保湿。

4.3　配制防水胶粘材料

4.3.1　与卷材配套的防水粘结材料，应按产品使用说明书要求配制，计量应准确，搅拌应均匀。搅拌时应采用电动搅拌器具，拌制好的防水胶粘材料应在规定的时间内用完。

4.3.2　现场配制防水胶粘材料的物理性能应符合相关标准的规定；按聚合物乳液（或胶粉）和水泥配比，先将聚合物材料放入准备好的容器内，用搅拌器边搅拌边加水泥，搅拌后混合物均匀无凝块、无沉淀即可使用。一般在气温不大于25℃时，拌制好的防水胶粘材料应在2h之内用完。

4.4　附加层施工

4.4.1　檐沟、天沟与屋面交接处，屋面平面与立面交接处，以及水落口、伸出屋面管道根部等部位，应设置聚乙烯丙纶卷材或防水胶结材料附加层。

4.4.2　附加层的宽度应符合设计要求。卷材附加层粘贴应平整牢固，不得扭曲、皱折、空鼓；涂膜附加层应夹铺胎体增强材料，涂刷不应少于两遍，涂膜厚度不应小于1.2mm，涂刷时应均匀一致，不得露底、堆积。

4.5　大面积卷材铺贴

4.5.1　防水卷材铺贴时应顺流水方向搭接，并应从防水层最低处向上铺贴。上下两层卷材不得相互垂直铺贴，上下层卷材长边的搭接缝错开不得小于幅宽的

1/3，相邻卷材短边的搭接缝错开不得小于500mm。

4.5.2 铺贴卷材前应在基层上弹出基准线，卷材的长边和短边搭接宽度均不应小于100mm。

4.5.3 将配制好的防水胶粘材料均匀地批刮或抹压在基层上，不得有露底或堆积现象，用量不应小于2.5kg/m²，施工固化厚度不应小于1.2mm。

4.5.4 在铺设部位将卷材预放约5～10m，找正方向后在中间处固定，将卷材卷回至固定处，批抹防水胶粘材料后即将预放的卷材重新展开至粘贴的位置，做到边批抹边铺贴卷材，卷材铺贴时不得拉紧，应保持自然状态。

4.5.5 铺贴卷材时，应用刮板向两边抹压，赶出卷材下面的空气，接缝部位应挤出胶粘材料并批刮封口。卷材与基层粘结面积不应小于90%，搭接缝应粘结牢固、密封严密，不得有皱折、翘边和起泡等缺陷。搭接缝表面应涂刮1.2mm厚、50mm宽的防水胶粘材料。

4.5.6 卷材收头处应用金属压条钉压，并应用防水胶粘材料抹平封严。

4.5.7 卷材施工温度高于25℃时，应立即向施工后的卷材表面喷水降温和遮盖养护，防止卷材变形起鼓。

4.5.8 卷材铺贴后24h内严禁上人或在其上进行后道工序施工。当卷材有局部损伤时，应及时进行修补。

4.6 细部处理

4.6.1 天沟、檐沟部位

1 天沟、檐沟的防水层下应增设附加层，附加层伸入屋面的宽度不应小于250mm。

2 檐沟防水层和附加层应由沟底翻上至沟外檐顶部，卷材收头应用金属压条钉压固定，并用密封材料封严。

4.6.2 女儿墙泛水部位

1 女儿墙泛水部位的防水层下应增设附加层，附加层在平面和立面的宽度均不应小于250mm。

2 低女儿墙泛水处的防水层收头可直接贴至压顶下，卷材收头应用金属压条钉压固定，并用密封材料封严；压顶应作防水处理。

3 高女儿墙泛水处的防水层泛水高度不应小于250mm，防水层收头应用金属压条钉压固定，并用密封材料封严；泛水上部的墙体应作防水处理。

4.6.3　变形缝部位

1　变形缝泛水处的防水层下应增设附加层，附加层在平面和立面上的宽度均不应小于250mm；卷材应铺贴到变形缝两侧泛水墙的顶部。

2　变形缝内应预填不燃保温材料，上部应采用防水卷材封盖，并填放衬垫材料，再在其上干铺一层卷材。

3　等高变形缝顶部宜加扣混凝土盖板或金属盖板，盖板的接缝处要用油膏嵌封严密。

4　高低跨变形缝在立墙泛水处，应用有足够变形能力的材料和构造作密封处理。

4.6.4　水落口部位

1　水落口的金属配件应作防锈处理。

2　水落口杯应牢固地固定在承重结构上，其埋设标高应根据附加层厚度及排水坡度加大的尺寸确定。

3　水落口周围500mm范围坡度不应小于5%，防水层下应增设附加层。

4　防水层和附加层贴入水落口杯内不应小于50mm，并应粘结牢固。

4.6.5　伸出屋面管道

1　管道根部找平层应抹出高度不小于30mm的排水坡。

2　管道泛水处的防水层下应增设附加层，附加层在平面和立面上的宽度均不应小于250mm。

3　管道泛水处的防水层的泛水高度不应小于250mm。

4　卷材收头处用金属箍箍紧，并用密封材料封严。

4.6.6　檐口部位

1　檐口800mm范围内卷材应采取满粘法。

2　卷材收头应采用金属压条钉压固定，并用密封材料嵌填封严。

3　檐口下端应抹出鹰嘴和滴水槽。

4.7　淋水、蓄水试验

检查屋面有无渗漏、积水，排水系统是否畅通，可在雨后或持续淋水2h后进行。在有可能做蓄水检验的屋面，其蓄水时间不应少于24h，同时要做好试水记录。

5　质量标准

5.1　主控项目

5.1.1　聚乙烯丙纶卷材及其聚合物防水泥防水胶粘材料的质量，应符合设计要求。

5.1.2　聚乙烯丙纶卷材复合防水层不得有渗漏或积水现象。

5.1.3　聚乙烯丙纶卷材复合防水层在檐口、檐沟、天沟、水落口、泛水、变形缝和伸出屋面管道的防水构造，应符合设计要求。

5.2　一般项目

5.2.1　卷材与胶结材料应粘结牢固，不得有空鼓和分层现象。

5.2.2　复合防水层的总厚度应符合设计要求。

6　成品保护

6.0.1　伸出屋面管道、设备或预埋件等，应在防水层施工前安设完毕。防水层完工后，不得进行凿孔、打洞或重物冲击等有损防水层的作业。

6.0.2　如需在防水层已完的屋面上安装设备，应在设备基座部位做附加层。

6.0.3　防水层施工时要注意施工保护，每日施工结束前应将卷材末端收头及封边处理做好，以免被风刮起。

6.0.4　操作人员不可穿带钉子的鞋，运料的小车支脚要做橡胶套，铺设水泥砂浆时要防止铁锹、铁抹子刮破防水层。

6.0.5　防水层施工完后，应及时将杂物清理干净。屋面应排水畅通，水落口不得堵塞。

6.0.6　防水层经检查发现鼓泡和渗漏等缺陷应及时治理。

7　注意事项

7.1　应注意的质量问题

7.1.1　聚乙烯丙纶卷材严禁使用再生的聚乙烯，应采用一次成型工艺生产的卷材。

7.1.2　防水胶粘材料不得使用水泥原浆或水泥与聚乙烯醇缩合物混合的材

料，应采用耐水和符合环保要求的专用胶粘材料。

7.2 应注意的安全问题

7.2.1 作业现场应健全防火制度，完善消防设施，消除火灾隐患，杜绝火灾发生，易燃材料应有专人保存管理。

7.2.2 操作人员应穿工作服、防滑鞋、戴安全帽、手套等劳保用品。当配制和使用有毒材料时，还必须戴口罩和防护眼镜，严禁毒性材料与皮肤接触及入口。

7.2.3 屋面四周、洞口、脚手架边均应设有防护栏杆和支设安全网，高空作业防止坠物伤人和坠落事故。

7.2.4 采用热熔法施工时，持枪人应注意观察周边人员位置，避免火焰喷嘴直接对人。

7.2.5 采用热熔和热粘施工时，现场应准备粉末灭火器材或砂袋等。防水材料应储存在阴凉通风的室内，避免雨淋、日晒和受潮变质，并远离火源、热源。

7.3 应注意的绿色施工问题

7.3.1 基层表面砂浆硬块及突出物清理产生的噪声、扬尘应有效控制；报废的扫帚、砂纸、钢丝刷、防水和密封材料包装物等应及时清理。

7.3.2 胶粘剂、基层处理剂应用密封桶包装，防止挥发、遗洒。

7.3.3 防水材料的边角料应回收处理。

7.3.4 基层处理剂、胶粘剂和涂料，应符合《建筑防水涂料中有害物质限量》JC 1066 的有关规定；当配制和使用有毒材料时，现场必须采取通风措施。

8 质量记录

8.0.1 卷材和胶结材料出厂合格证、质量检验报告和进场复试报告。

8.0.2 雨后观察、淋水或蓄水试验记录。

8.0.3 隐蔽工程检查验收记录。

8.0.4 复合防水层检验批质量验收记录。

8.0.5 复合防水层分项工程质量验收记录。

第 17 章　复合防水层

本工艺标准适用于工业与民用建筑屋面的复合防水层工程的施工。

1　引用标准

《建筑工程施工质量验收统一标准》GB 50300—2013

《屋面工程技术规范》GB 50345—2012

《屋面工程质量验收规范》GB 50207—2012

《建筑工程施工质量验收统一标准》GB 50300—2013

2　术语

2.0.1　复合防水层：由彼此相容的卷材和涂料组合而成的防水层。

2.0.2　一次成型方式：以涂料作为卷材的粘结剂，边涂布涂料边铺贴卷材，一次形成复合防水层的成型方式。

2.0.3　二次成型方式：先在基层上涂布涂料使之形成防水涂膜，待涂膜固化后用粘结剂将卷材粘结于涂膜层上，二次形成复合防水层的方式。

3　施工准备

3.1　作业条件

3.1.1　施工前应编制施工方案或技术措施。

3.1.2　屋面基层应坚实、平整，干净，应无孔隙、起砂和裂缝。溶剂型、热熔型和反应固化型防水涂料施工时基层要求干燥。

3.1.3　屋面基层的排水坡度应符合设计要求，基层与突出屋面结构的交接处以及基层转角处，找平层应做成圆弧。

3.1.4　防水施工人员应经过理论与实际施工操作的培训，并持上岗证。

3.1.5　防水涂料进行热熔施工前应申请点火证，经批准后才能施工。施工现场不得有焊接或其他明火作业。

3.1.6　复合防水层所用防水卷材与防水涂料应相容。复合防水层施工前，应做卷材与涂料的粘结质量检验，其剪切状态下的粘和强度不应小于20N/10mm。

3.1.7　复合防水层的施工环境温度：水乳型及反应型涂料宜为5～35℃，溶剂型涂料宜为－5～35℃，热熔型涂料不宜低于－10℃，采用聚合物水泥涂料宜为5～35℃；冷粘及热粘卷材不宜低于5℃，自粘卷材不宜低于10℃。

3.1.8　雨天、雪天和五级风及以上时不得施工。

3.2　材料及机具

3.2.1　防水涂料：高聚物改性沥青防水涂料、合成高分子防水涂料、聚合物水泥防水涂料等。

3.2.2　防水卷材：高聚物改性沥青防水卷材、合成高分子防水卷材等。

3.2.3　胶粘剂：高聚物改性沥青胶粘剂、高分子防水卷材胶粘剂。

3.2.4　基层处理剂：沥青防水卷材用基层处理剂。高分子防水卷材用基层处理剂应由厂家供应或按产品使用说明书。

3.2.5　密封材料：改性石油沥青密封胶、合成高分子密封胶。

3.2.6　机具：喷涂机、电动搅拌机、小平铲、扫帚、油漆刷、铁桶、胶皮刮板、单双筒火焰加热器、手持压辊、手推车、防护用品、消防器材等。

4　操作工艺

4.1　工艺流程

基层清理→喷涂基层处理剂→涂膜附加层→涂膜施工→卷材铺贴→细部处理→淋水、蓄水试验

4.2　基层清理

4.2.1　清理基层表面的杂物和灰尘，基层应坚实、平整。若存在凹凸不平、起砂、起皮、裂缝、预埋件固定不牢等缺陷，应及时进行处理。

4.2.2　基层干燥程度应与所用防水涂料相适应。

4.3　喷涂基层处理剂

4.3.1　基层处理剂应与防水涂料的材性相容。

4.3.2　基层处理剂应配比准确，并应搅拌均匀。

4.3.3　喷涂时应先用油漆刷对屋面节点、拐角、周边转角等处涂刷，然后大面积部位喷涂。

4.3.4　基层处理剂可采取喷涂法或涂刷法施工，喷涂应均匀一致，干燥后应及时涂布防水涂料。

4.4　涂膜附加层

4.4.1　檐沟、天沟与屋面交接处，屋面平面与立面交接处，以及水落口、伸出屋面管道根部等部位，应设置涂膜防水层。

4.4.2　涂膜附加层应夹铺胎体增强材料。

4.5　涂膜施工

4.5.1　双组分或多组分防水涂料应按配合比准确计量，并应采用电动机具搅拌均匀，已配制的涂料应及时使用；配料时可加入适量的稀释剂、缓凝剂或促凝剂来调节黏度或固化时间，但不得混入已固化的涂料。

4.5.2　水乳型及溶剂型防水涂料宜选用滚涂或喷涂施工；反应固化型防水涂料宜选用刮涂或喷涂施工；热熔型防水涂料和聚合物水泥防水涂料宜选用刮涂施工；所有防水涂料用于细部构造时宜选用刷涂或喷涂施工。

4.5.3　防水涂料应多遍均匀涂布，后一遍涂料应待前一遍涂料干燥成膜后进行，且前后两遍涂料的涂布方向应相互垂直，涂层的甩槎应注意保护，接槎宽度不应小于 100mm，接槎前应将甩槎表面处理干净。

4.5.4　在涂层间夹铺胎体增强材料时，宜边涂布边铺胎体；胎体应铺贴平整，排除气泡并应与涂料粘结牢固。在胎体上涂布涂料时，应使涂料浸透胎体，并应覆盖完全，不得有胎体外露现象。最上面的涂膜厚度不应小于 1mm。

4.5.5　胎体增强材料平行或垂直屋脊铺设应视施工方便而定。平行于屋脊铺设时，应由最低标高处向上铺设，胎体增强材料应顺流水方向搭接；胎体增强材料长边和短边搭接宽度分别不应大于 50mm 和 70mm。当采用两层胎体增强材料时，上下层的长边搭接缝应错开且不得小于 1/3 幅宽，上下层不得垂直铺设。

4.6　卷材铺贴

4.6.1　在基层上弹出基准线的位置。卷材采用平行或垂直屋脊铺贴。平行于屋脊铺贴时，应顺流水方向搭接；垂直于屋脊铺贴时，应顺年最大频率风向搭接。

4.6.2　相邻两幅卷材的短边搭接缝错开不得小于 500mm。

4.6.3　铺贴卷材采用冷粘法，高聚物改性沥青卷材长边和短边的搭接宽度均为100mm。合成高分子卷材长边和短边的搭接宽度均为80mm；铺贴卷材采用自粘法，自粘卷材长边和短边的搭接宽度均为80mm。

4.6.4　冷粘法

将卷材放在弹出的基准线位置上，一般在基层上和卷材背面均涂刷胶粘剂，根据胶粘剂的性能，控制胶粘剂涂刷与卷材铺贴的间隔时间，边涂边将卷材滚动铺贴。胶粘剂应涂刮均匀，不漏底、不堆积，若卷材空铺、点粘或条粘时，应按规定的位置及面积涂刷。用压辊均匀用力滚压，排出空气，使卷材与基层紧密粘贴牢固。卷材搭接处用胶粘剂满涂封口，辊压粘贴牢固。搭接缝口应用材性相容的密封材料封严。宽度不应小于10mm。

4.6.5　自粘法

将卷材背面的隔离纸剥开撕掉，直接粘贴于弹出基准线的位置上，排除卷材下面的空气，辊压平整，粘贴牢固。低温施工时，立面、大坡面及搭接部位宜采用热风机加热，加热后随即粘贴牢固。接缝口用材性相容的密封材料封严，宽度不应小于10mm。

4.7　细部处理

4.7.1　天沟、檐沟部位

1　天沟、檐沟的防水层下应增设附加层，附加层伸入屋面的宽度不应小于250mm。

2　檐沟防水层和附加层应由沟底翻上至沟外檐顶部，涂膜收头应用防水涂料多遍涂刷，卷材收头应用金属压条钉压，并应用密封材料封严。

4.7.2　女儿墙泛水部位

1　女儿墙泛水处的防水层下应增设附加层，附加层在平面和立面的宽度均不应小于250mm。

2　低女儿墙泛水处的防水层收头可直接涂刷或铺贴至压顶下，涂膜收头应用防水涂料多遍涂刷，卷材收头应用金属压条钉固，并应用密封材料封严。

3　高女儿墙泛水处的防水层泛水高度不应小于250mm，防水层收头应符合本条2的规定；泛水上部的墙体应作防水处理。

4.7.3　变形缝部位

1　变形缝泛水处的防水层下应增设附加层，附加层在平面和立面的宽度均不应小于 250mm。防水层应涂刷或铺贴至变形缝两侧泛水墙的顶部。

2　变形缝内应填不燃保温材料，上部应采用防水卷材封盖，并放置衬垫材料，再在其上干铺一层卷材。

3　等高变形缝顶部应加扣混凝土盖板或金属盖板，盖板的接缝处要用油膏嵌封严密。

4　高低跨变形缝在立墙泛水处应用有足够变形能力的材料和构造作密封处理。

4.7.4　水落口部位

1　水落口杯应牢固地固定在承重结构上，其埋设标高应根据附加层厚度及排水坡度加大的尺寸确定。

2　水落口周围直径 500mm 范围内的坡度不应小于 5%，防水层下应增设附加层。

3　防水层和附加层伸入水落口杯内不应小于 50mm，并应粘结牢固。

4　水落口的金属配件应作防锈处理。

4.7.5　伸出屋面管道部位

1　管道周围的找平层应抹出高度不小于 30mm 的排水坡。

2　管道泛水处的防水层下应增设附加层，附加层在平面和立面上的宽度均不应小于 250mm。

3　管道泛水处的防水层泛水高度不应小于 250mm。

4　涂膜收头应用防水涂料多遍涂刷；卷材收头处用金属箍箍紧，并用密封材料封严。

4.7.6　檐口部位

1　卷材屋面檐口 800mm 范围内卷材应满粘；卷材收头应用金属压条钉固，并应用密封材料封严。

2　涂膜收头处应用防水涂料多遍涂刷。

3　檐口下端应抹出鹰嘴和滴水槽。

4.8　淋水、蓄水试验

检查屋面有无渗漏、积水，排水系统是否畅通，可在雨后或持续淋水 2h 后进行。在有可能做蓄水检验的屋面，其蓄水时间不应少于 24h，同时要做好试水记录。

5　质量标准

5.1　主控项目

5.1.1　复合防水层所用防水材料及其配套材料的质量，应符合设计要求。

5.1.2　复合防水层不得有渗漏或积水现象。

5.1.3　复合防水层在檐口、檐沟、天沟、水落口、泛水、变形缝和伸出屋面管道的防水构造，应符合设计要求。

5.2　一般项目

5.2.1　卷材与涂膜应粘结牢固，不得有空鼓和分层现象。

5.2.2　复合防水层的总厚度应符合设计要求。

6　成品保护

6.0.1　伸出屋面管道、设备或预埋件等，应在防水层施工前安设完毕。防水层完工后，不得进行凿孔、打洞或重物冲击等有损防水层的作业。

6.0.2　如需在防水层已完工的屋面上安装设备，应在设备基座部位做附加层。

6.0.3　防水层施工时要注意施工保护，每日施工结束前应将卷材末端收头及封边处理做好，以免被风刮起。

6.0.4　操作人员不可穿带钉子的鞋，运料的小车支脚要做橡胶套，铺设水泥砂浆时要防止铁锹、铁抹子刮破防水层。

6.0.5　防水层施工完后，应及时将杂物清理干净。屋面应排水畅通，水落口不得堵塞。

6.0.6　防水层经检查发现鼓泡和渗漏等缺陷应及时治理。

7　注意事项

7.1　应注意的质量问题

7.1.1　双组分或多组分防水涂料配比应准确，搅拌应均匀，掌握适当的稠度、黏度和固化时间，以保证涂刷质量。

7.1.2　涂膜施工前，应根据设计要求的厚度，试验确定每平方米涂料用量以及每个涂层需要涂刷的遍数。

7.1.3　施工中卷材下的空气必须辊压排出，使卷材与基层粘结牢固，防止空鼓、气泡。

7.1.4 用于复合防水层的卷材和涂料应具有相容性。相容性是指两种材料之间互不产生有害的物理和化学作用的性能。也包括施工过程中和形成复合防水层后不会产生不利的影响，如卷材施工过程中破坏已经成膜的涂料，涂料固化过程中造成卷材起鼓等。

7.1.5 采用一次成型的复合防水层为避免防水层产生鼓泡，防水涂料在固化过程中不得有溶剂或水分蒸发而产生气体，应采用热熔型或反应型防水涂料；涂料在固化前应有良好的粘性，固化后有较强的粘结强度。

7.1.6 采用二次成型的复合防水层时，对防水涂料品种的限制较少，但水乳型或合成高分子类防水涂料上，不得采用热熔型防水卷材，以免卷材热熔施工烧坏涂膜防水层。

7.1.7 卷材施工时涂膜防水层应达到实干状态，否则复合防水层完成后极易出现鼓泡现象。

7.1.8 二次成型的复合防水层，其共同作用的效果取决于卷材与涂膜之间的粘结情况，因此必须保证涂抹与卷材的粘结面积和粘结力。杜绝出现涂膜层和卷材层成为两张皮的现象，影响复合防水层的使用效果。

7.1.9 在复合防水层中，如果防水涂料既是涂膜防水层，又是防水卷材的胶粘剂，只能待复合防水层完工后整体验收。如果防水涂料不是防水卷材的胶粘剂，应对涂膜防水层和卷材防水层分别验收。

7.2 应注意的安全问题

7.2.1 作业现场应健全防火制度，完善消防设施，消除火灾隐患，杜绝火灾发生，易燃材料应有专人保存管理。

7.2.2 操作人员应穿工作服、防滑鞋，戴安全帽、手套等劳保用品。

7.2.3 屋面四周、洞口、脚手架边均应设有防护栏杆和支设安全网，高空作业应防止坠物伤人和坠落事故。

7.3 应注意的绿色施工问题

7.3.1 基层表面砂浆硬块及突出物清理产生的噪声、扬尘应有效控制；报废的扫帚、砂纸、钢丝刷、防水和密封材料包装物等应及时清理。

7.3.2 胶粘剂、基层处理剂应用密封桶包装，防止挥发、遗洒；防水材料应储存在阴凉通风的室内，避免雨淋、日晒和受潮变质，并远离火源、热源。

7.3.3 防水材料的边角料应回收处理。

8 质量记录

8.0.1 防水涂料和卷材出厂合格证、质量检验报告和进场复试报告。

8.0.2 雨后观察、淋水或蓄水试验记录。

8.0.3 隐蔽工程检查验收记录。

8.0.4 复合防水层检验批质量验收记录。

8.0.5 复合防水层分项工程质量验收记录。

第4篇　瓦面与板面工程

第18章　烧结瓦、混凝土瓦屋面

本工艺标准适用于工业与民用建筑的烧结瓦、混凝土瓦屋面工程。

1　引用标准

《建筑工程施工质量验收统一标准》GB 50300—2013

《屋面工程技术规范》GB 50345—2012

《屋面工程质量验收规范》GB 50207—2012

《烧结瓦》GB/T 21149—2007

《混凝土瓦》JC/T 746—2007

《坡屋面工程技术规范》GB 50693—2011

《坡屋面用防水材料　聚合物改性沥青防水垫层》JC/T 1067—2008

《坡屋面用防水材料　自粘聚合物沥青防水垫层》JC/T 1068—2008

2　术语

2.0.1　块瓦：由黏土、混凝土和树脂等材料制成的块状硬质屋面瓦材。

2.0.2　防水垫层：坡屋面中通常铺设在瓦材或金属板下面的防水材料。

2.0.3　持钉层：瓦屋面中能够握裹固定钉的构造层次，如木板、纤维板、细石混凝土等。

3　施工准备

3.1　作业条件

3.1.1　施工前应编制施工方案或技术措施。

3.1.2 有保温层的现浇钢筋混凝土屋面，在檐口处的钢筋混凝土应上翻，上翻高度应为保温层与持钉层厚度之和。当保温层放在防水层上面时，檐口最低处应设置泄水孔。

3.1.3 伸出屋面管道、设备、预埋件等，应在块瓦屋面施工前安装完毕并做密封处理。

3.1.4 块瓦屋面采用的木质基层、顺水条、挂瓦条的防腐、防火及防蛀处理，以及金属顺水条、挂瓦条的防锈处理均已完毕。

3.1.5 防水层或防水垫层施工完毕，应经淋水试验合格后，方可进行持钉层施工。

3.1.6 施工人员应经过理论与实际施工操作的培训，并持上岗证。

3.1.7 块瓦屋面的施工环境气温宜为 5～35℃。

3.1.8 雨天、雪天和五级风及以上时不得施工。

3.2 材料及机具

3.2.1 烧结瓦和混凝土瓦：平瓦和脊瓦应边缘整齐、表面光洁，不得有分层、裂纹和露砂等缺陷，平瓦的瓦爪和瓦槽的尺寸配合要适当。不得有缺边、掉角、裂缝、砂眼、翘曲不平、张口等缺陷。烧结瓦、混凝土瓦物理性能应符合表 18-1 的规定。

屋面瓦的主要性能指标　　**表 18-1**

材料名称	主要性能
烧结瓦	1. 抗弯曲性能： 平瓦、脊瓦、板瓦、筒瓦、滴水瓦、勾头瓦类的弯曲破坏荷重不小于 1200N；其中青瓦类的弯曲破坏荷重不小于 850N；J 形瓦、S 形瓦、波形瓦类的弯曲破坏荷重不小于 1600N；三曲瓦、双筒瓦、鱼鳞瓦、牛舌瓦类的弯曲强度不小于 8.0MPa。 2. 抗冻性能： 经 15 次冻融循环，不出现剥落、掉角、掉棱及裂纹增加现象。 3. 耐急冷急热性： 经 10 次急冷急热循环，不出现炸裂、剥落及裂纹延长现象。 此项要求只适用于有釉瓦类。 4. 吸水率： Ⅰ类瓦≤6%；6%＜Ⅱ类瓦≤10%；10%＜Ⅲ类瓦≤18%；青瓦类≤21%。 5. 抗渗性能： 经 3h 瓦背面无水滴产生。 此项要求只适用于无釉瓦类。若其吸水率不大于 10%时，取消抗渗性能要求，否则必须进行抗渗试验并符合本条规定

续表

材料名称	主要性能
混凝土瓦	1. 质量标准差： 混凝土瓦质量标准差应不大于 180g。 2. 承载力： 混凝土瓦的承载力不得小于承载力标准值，标准值应符合表 18-2 的规定。 3. 耐热性能： 混凝土彩色瓦经耐热性能检验后，其表面涂层应完好。 4. 吸水率： 混凝土瓦的吸水率应不大于 10%。 5. 抗渗性能： 混凝土瓦经抗渗性能检验后，瓦的背面不得出现水滴现象。 6. 抗冻性能： 混凝土屋面瓦经抗冻性能检验后，其承载力仍不小于承载力标准值。同时，外观质量应符合本标准要求且表面涂层不得出现剥落现象

混凝土屋面瓦的承载力标准值　　　**表 18-2**

项目	波形屋面瓦						平板屋面瓦		
瓦脊高度 d（mm）	$d>20$			$d\leqslant 20$			—		
遮盖宽度 b_1（mm）	$\geqslant 300$	$\leqslant 200$	$200<b_1<300$	$\geqslant 300$	$\leqslant 200$	$200<b_1<300$	$\geqslant 300$	$\leqslant 200$	$200<b_1<300$
承载力标准值 F_c	1800	1200	$6b_1$	1200	900	$3b_1+300$	1000	800	$2b_1+400$

3.2.2　防水垫层：聚合物改性沥青防水垫层、自粘聚合物沥青防水垫层。

3.2.3　防水层：防水卷材、防水涂料。

3.2.4　其他：18 号镀锌钢丝、圆钉、挂瓦条、顺水条等。

3.2.5　机具：运输小车、射钉枪、铲刀、喷灯、锤子、小线等。

4　操作工艺

4.1　工艺流程

基层验收 → 铺防水垫层 → 铺持钉层 → 钉顺水条、挂瓦条 → 铺设平瓦 → 铺设脊瓦 → 细部处理 → 雨后、淋水试验

4.2　基层验收

4.2.1　块瓦屋面工程的板状材料保温层、纤维材料保温层、喷涂硬泡聚氨酯保温层施工工艺见本书第 6 章，本工艺标准不再说明。

4.2.2　块瓦屋面基层为上述保温层时，保温层应铺设完成，并应经检验合格。

4.3　铺防水垫层

4.3.1　块瓦的下面应铺设防水垫层。防水垫层可铺设在持钉层与保温层之间或保温层与结构层之间。

4.3.2　防水垫层可空铺、满粘或机械固定，屋面坡度大于 50%，防水垫层宜采用满粘或机械固定施工。

4.3.3　铺设防水垫层的基层应平整、干净、干燥。

4.3.4　铺设防水垫层时，平行正脊方向的搭接应顺流水方向，垂直正脊方向的搭接宜顺年最大频率风向。

4.3.5　铺设防水垫层的最小搭接宽度：自粘聚合物改性沥青防水垫层应为 80mm；聚合物改性沥青防水垫层应为 100mm。

4.4　铺持钉层

4.4.1　在满足屋面荷载的前提下，木板持钉层厚度不应小于 20mm；人造板持钉层厚度不应小于 16mm；细石混凝土持钉层厚度不应小于 35mm。

4.4.2　细石混凝土持钉层的内配钢筋应骑跨屋脊，并应与屋脊和檐口、檐沟部位的预埋锚筋连牢；预埋锚筋穿过防水垫层时，破损处应进行局部密封处理。

4.4.3　细石混凝土持钉层可不设分格缝；持钉层与突出屋面结构的交接处应预留 30mm 宽的缝隙。

4.4.4　防水垫层铺设在持钉层与保温层之间时，细石混凝土持钉层的下面应干铺一层卷材。

4.5　钉顺水条、挂瓦条

4.5.1　顺水条应垂直正脊方向铺订在持钉层上，顺水条表面应平整，间距不宜大于 500mm。

4.5.2　挂瓦条的间距应按瓦片尺寸和屋面坡长计算确定。檐口第一根挂瓦条应保证瓦头出檐 50～70mm，屋脊处两个坡面上最上的两根挂瓦条，应保证脊瓦与坡瓦的搭接长度不小于 40mm。

4.5.3　铺钉挂瓦条时应在屋面上拉通线，挂瓦条应铺钉平整、牢固，上棱成一直线。

4.6　铺设平瓦

4.6.1　铺瓦前要选瓦，凡缺边、掉角、裂缝、砂眼、翘曲不平、张口缺爪的瓦，不得使用。

4.6.2　瓦片应均匀分散堆放在两坡屋面基层上，严禁集中堆放。挂瓦应由两坡从下向上同时对称铺设。

4.6.3　挂瓦时，沿檐口、屋脊拉线，并从屋脊拉一斜线到檐口，由下到上依次逐块铺挂。瓦后不必织挂在挂瓦条上，并与左边、下面两块瓦落槽密合。

4.6.4　在大风、地震设防地区或屋面坡度大于 100%时，应用 18 号镀锌钢条将全部瓦片与挂瓦条绑扎钉固。一般坡度的瓦屋面檐口两排瓦片均应采取固定加强措施。

4.7　铺设脊瓦

4.7.1　斜脊、斜沟处应先将整瓦挂上，按脊瓦搭盖平瓦和沟瓦搭盖泛水的尺寸要求，弹出墨线并编上号码，其多余瓦面应用钢锯锯掉，然后再按号码次序挂上。

4.7.2　挂正脊、斜脊脊瓦时，应拉通长线铺平挂直，正脊的搭口应顺主导风向，斜脊的搭口应顺流水方向。脊瓦搭口、脊瓦与平瓦间缝隙处以及正脊与斜脊的交接处，要用聚合物水泥填实抹平。

4.7.3　山墙处应先量好尺寸，将瓦锯好后再挂上半瓦，沿山墙一行瓦宜用聚合物水泥砂浆做出披水线。

4.8　细部处理

4.8.1　屋脊部位

1　屋脊部位防水垫层或防水层上应增设附加层，宽度不应小于 500mm；

2　防水垫层或防水层应顺流水方向铺设和搭接；

3　屋脊瓦应采用与主瓦相配套的配件脊瓦；

4　脊瓦下端距坡面瓦的高度不宜大于 80mm，脊瓦在两坡面瓦上的搭盖宽度，每边面应小于 40mm；

5　脊瓦与坡瓦面之间的缝隙，应采用聚合物水泥砂浆填实抹平。

4.8.2　檐口部位

1　檐口部位防水垫层或防水层下应增设附加层，附加层伸入屋面的宽度不应小于1000mm；

2　防水垫层或防水层应顺流水方向铺设和搭接；

3　在屋檐最下排的挂瓦条上应设置托瓦木条；

4　无天瓦挑入檐沟的长度宜为50～70mm；

5　块瓦与檐口齐平时，金属泛水应铺设在附加层上，并伸入檐口内，在金属泛水板上应铺设防水垫层或防水层。

4.8.3　檐沟部位

1　檐沟部位防水垫层或防水层下应增设附加层，附加层伸入屋面的宽度不应小于1000mm，并应延伸铺设到檐沟内；

2　檐沟防水层伸入瓦内的宽度不应小于150mm，并应与屋面防水垫层或防水层顺流水方向搭接；

3　檐沟防水层和附加层应由沟底翻上至外侧顶部，卷材收头应用金属压条钉固，并用密封材料封严；涂膜收头应用防水涂料多遍涂刷；

4　块瓦伸入檐沟内的长度宜为50～70mm；

5　金属檐沟伸入瓦内的宽度不应小于150mm。

4.8.4　天沟部位

1　天沟部位防水垫层或防水层下应沿天沟中心线增设附加层，宽度不应小于1000mm；

2　防水垫层或防水层应顺流水方向铺设和搭接；

3　混凝土天沟采用防水卷材时，防水卷材应由沟底上翻，垂直高度不应小于150mm。金属天沟伸入瓦内的宽度不应小于150mm；

4　天沟宽度和深度应根据屋面集水区面积确定；

5　块瓦伸入天沟内的长度宜为50～70mm。

4.8.5　山墙部位

1　山墙压顶可采用混凝土或金属制品，压顶应向内排水，坡度不应小于5%，压顶内侧下端应作滴水处理；

2　山墙泛水部位防水垫层或防水层下应增设附加层，宽度不应小于500mm；

3　防水垫层或防水层的泛水高度不应小于250mm。卷材收头应用金属压条钉固，并用密封材料封严，涂膜收头应用防水涂料多遍涂刷；

4　硬山墙泛水宜采用自粘柔性泛水带覆盖在瓦上，用密封材料封边，泛水带与瓦搭接不应小于 150mm。硬山墙泛水可采用聚合物水泥砂浆抹成，侧面瓦伸入泛水的宽度不应小于 50mm；

5　悬山墙泛水宜采用檐口封边瓦卧浆做法，并用聚合物水泥砂浆勾缝处理，檐口封边瓦应用固定钉固定在持钉层上。

4.8.6　立墙部位

1　立墙部位防水垫层或防水层下应增设附加层，宽度不应小于 500mm；

2　防水垫层或防水层的泛水高度不应小于 250mm；

3　立墙泛水可采用自粘柔性泛水带覆盖在防水垫层或防水层或瓦上，泛水带与防水垫层或防水层或瓦搭接应大于 300mm，并应压入上一排瓦的底部；

4　金属泛水板应用金属压条钉固，并密封处理。

4.8.7　变形缝部位

1　变形缝部位防水垫层或防水层下应增设附加层，宽度不应小于 500mm；

2　防水垫层或防水层应铺设或涂刷至泛水墙的顶部；

3　变形缝内应预填不燃保温材料，上部应采用防水材料封盖，并放置衬垫材料，再在其上干铺一层卷材；

4　等高变形缝顶部宜加扣混凝土或金属盖板；

5　高低跨变形缝在立墙泛水处，应采用有足够变形能力的材料和构造作密封处理。

4.8.8　伸出屋面管道部位

1　管道泛水处防水垫层或防水层下应增设附加层，宽度不应小于 500mm；

2　管道泛水处的防水层泛水高度不应小于 250mm；

3　卷材收头应用金属箍紧固和密封材料封严，涂膜收头应用防水涂料多遍涂刷；

4　伸出屋面管道应采用自粘柔性泛水带，并应与管道及块瓦粘结牢固；

5　管道与瓦面交接的迎水面，应用自粘柔性泛水带与块瓦搭接，宽度不应小于 300mm，并应压入上一排瓦片的底部；

6　管道与瓦面交接的背水面，应用自粘柔性泛水带与块瓦搭接，宽度不应小于 150mm。

4.9 雨后、淋水试验

检查屋面有无渗漏，可在雨后或淋水 2h 后进行。

5 质量标准

5.1 主控项目

5.1.1 瓦材及防水垫层的质量，应符合设计要求。

5.1.2 烧结瓦、混凝土瓦屋面不得有渗漏现象。

5.1.3 瓦片必须铺置牢固。在大风及地震设防地区或屋面坡度大于 100% 时，应按设计要求采取固定加强措施。

5.2 一般项目

5.2.1 挂瓦条应分档均匀，铺钉应平整、牢固；瓦面应平整，行列应整齐，搭接应紧密，檐口应平直。

5.2.2 脊瓦应搭盖正确，间距应均匀，封固应严密；正脊和斜脊应顺直，应无起伏现象。

5.2.3 泛水做法应符合设计要求，并应顺直、整齐，结合紧密。

5.2.4 烧结瓦和混凝土瓦铺装的尺寸，应符合设计要求。

6 成品保护

6.0.1 烧结瓦、混凝土瓦屋面完工后，应避免屋面受物体冲击，严禁任意上人或堆放物件。

6.0.2 烧结瓦、混凝土瓦屋面上禁止热作业和其他作业。

7 注意事项

7.1 应注意的质量问题

7.1.1 平瓦和脊瓦应边缘整齐、表面光洁，颜色均匀一致，不得有分层、裂纹和露砂等缺陷。平瓦的瓦爪和瓦槽应配合适当。进场的平瓦应检验抗弯强度和不透水性。

7.1.2 块瓦屋面应设置防水垫层，防水垫层在瓦屋面构造层次中的位置应符合设计要求；防水垫层应自下而上平行屋脊铺设，并顺流水方向搭接，搭接宽度应符合施工要求。

7.1.3　挂瓦条的间距应根据瓦片尺寸和屋面坡长经计算确定。瓦头挑出檐口的长度宜为50～70mm；脊瓦在两坡面瓦上的搭接宽度每边不应小于40mm。

7.1.4　块瓦屋面应采用干法挂瓦，瓦与屋面基层应铺钉牢固，瓦片应彼此紧密搭接，并应瓦榫落槽、瓦脚挂牢、瓦头排齐，无翘角和张口现象，檐口应成一直线。

7.1.5　大风及抗震设防地区或屋面坡度大于100％时，应用镀锌钢丝穿过瓦鼻小孔，将全部瓦片与挂瓦条绑扎固定。

7.1.6　块瓦屋面细部处理及其铺装有关尺寸应符合设计要求，施工质量应为全数检验。

7.2　应注意的安全问题

7.2.1　施工现场应备有消防灭火器材，严禁烟火，易燃材料应有专人保管。

7.2.2　操作人员应穿工作服、防滑鞋，并戴安全帽、手套等劳保用品。

7.2.3　屋面四周、洞口、脚手架边均应设有防护栏杆和支设安全网，防止高空作业时发生坠物伤人和坠落事故。

7.2.4　上瓦时块瓦应均匀地堆放在两坡的屋面上，铺瓦时应两坡从下而上对称进行，避免屋盖结构受力不均匀，导致变形或破坏。

7.3　应注意的绿色施工问题

7.3.1　报废的扫帚、砂纸、防水和密封材料包装物等，应及时清理。

7.3.2　胶粘剂、基层处理剂应用密封桶包装，防止挥发、遗洒；防水垫层、卷材、涂料应储存在阴凉通风的室内，避免雨淋、日晒、受潮变质，并远离火源、热源。

7.3.3　材料的边角料应回收处理。

8　质量记录

8.0.1　烧结瓦、混凝土瓦防水垫层出厂合格证、质量检验报告和进场复试报告。

8.0.2　隐蔽工程检查验收记录。

8.0.3　淋水或雨后试验记录。

8.0.4　烧结瓦、混凝土瓦屋面检验批质量验收记录。

8.0.5　烧结瓦、混凝土瓦屋面分项工程质量验收记录。

第19章　沥青瓦屋面

本工艺标准适用于工业与民用建筑的沥青瓦屋面工程。

1　引用标准

《屋面工程技术规范》GB 50345—2012

《屋面工程质量验收规范》GB 50207—2012

《坡屋面工程技术规范》GB 50693—2011

《玻纤胎沥青瓦》GB/T 20474—2015

《坡屋面用防水材料　聚合物改性沥青防水垫层》JC/T 1067—2008

《坡屋面用防水材料　自粘聚合物沥青防水垫层》JC/T 1068—2008

2　术语

2.0.1　沥青瓦：由植物纤维浸渍沥青成型的屋面瓦。

2.0.2　防水垫层：通常铺设在瓦材或金属板下的防水材料。

2.0.3　持钉层：瓦屋面中能够握裹固定钉的构造层次，如细石混凝土和屋面板。

2.0.4　搭接式天沟：在斜天沟上铺设沥青瓦，两侧瓦片搭接，形成天沟。

2.0.5　编织式天沟：在斜天沟上铺设沥青瓦，两侧瓦片编制形成天沟。

2.0.6　敞开式天沟：瓦材铺设至天沟边沿，天沟底部采用卷材或金属板构造形成天沟。

2.0.7　抗风揭：阻抗由风力产生的对屋面向上荷载的措施。

3　施工准备

3.1　作业条件

3.1.1　施工前应编制施工方案或技术措施。

3.1.2　有保温层的现浇钢筋混凝土屋面，在檐口处的钢筋混凝土应上翻，上翻高度应为保温层与持钉层厚度之和。当保温层放在防水层上面时，檐口最低处应设置泄水孔。

3.1.3　伸出屋面管道、设备、预埋件等，应在沥青瓦屋面施工前安装完毕并做密封处理。

3.1.4　防水层或防水垫层施工完毕，应经淋水试验合格后，方可进行持钉层施工。

3.1.5　施工人员应经过理论与实际施工操作的培训，并持上岗证。

3.1.6　沥青瓦屋面的施工环境气温宜为 5～35℃，低于 5℃时采取加强粘结措施。雨天、雪天和五级风及以上时，不得施工。

3.2　材料及机具

3.2.1　沥青瓦：外观质量应边缘整齐、切槽清晰、厚薄均匀，表面应无孔洞、裂口、裂纹、凹坑和起鼓等缺陷。沥青瓦的物理性能应符合表 19-1 的规定。

沥青瓦的主要性能指标　　　　表 19-1

序号	项目			指标	
				P	L
1	可溶物含量（g/m²）		≥	800	1500
2	胎基			胎基燃烧后完整	
3	拉力（N/50mm）	横向	≥	600	
		纵向	≥	400	
4	耐热度（90℃）			无流淌、滑动、滴落、气泡	
5	柔度[a]（10℃）			无裂纹	
6	撕裂强度（N）		≥	9	
7	不透水性（2m 水柱，24h）			不透水	
8	耐钉子拔出性能（N）		≥	75	
9	矿物料粘附性（g）		≤	1.0	
10	自粘胶耐热度	50℃		发黏	
		75℃		滑动≤2mm	
11	叠层剥离强度（N）		≥	—	20
12	人工气候加速老化	外观		无气泡、渗油、裂纹	
		色差，ΔE	≤	3	
		柔度（12℃）		无裂纹	
13	燃烧性能			B_2-E 通过	
14	抗风揭性能（97km/h）			通过	

注：[a] 根据使用环境和用户要求，生产企业可以生产比标准规定柔度温度更低的产品，并应在产品订购合同中注明。

3.2.2 防水垫层：聚合物改性沥青防水垫层、自粘聚合物沥青防水垫层。

3.2.3 防水层：防水卷材、防水涂料。

3.2.4 胶粘剂：采用沥青基胶粘材料。

3.2.5 其他：油毡钉或水泥钉、射钉。

3.2.6 机具：运输小车、射钉枪、铲刀、喷灯、锤子、小线等。

4 操作工艺

4.1 工艺流程

基层验收→铺防水垫层→铺持钉层→铺设沥青瓦→铺设脊瓦→细部处理→雨后、淋水试验

4.2 基层验收（同块瓦屋面）

4.3 铺防水垫层（同块瓦屋面）

4.4 铺持钉层（同块瓦屋面）

4.5 铺设沥青瓦

4.5.1 铺沥青瓦前，应在屋面上弹出水平及垂直基准线，按线铺设。

4.5.2 宽度规格为333mm的沥青瓦，每张瓦片的外露部分不应大于143mm。

4.5.3 铺沥青瓦应自檐口向上铺设，起始层瓦应由瓦片经切除垂片部分后制得，且起始层瓦沿檐口应平行铺设并伸出檐口10mm，再用沥青胶结材料和基层粘结。第一层瓦应与起始层瓦叠合，但瓦切口向下指向檐口；第二层应压在第一层瓦上且露出瓦切口，但不得超过切口长度。相邻两层沥青瓦的拼缝及切口应均匀错开。

4.5.4 沥青瓦以钉为主、粘结为辅的方法与基层固定。木质持钉层上铺设沥青瓦，每张瓦片上不得少于4个固定钉；细石混凝土持钉层铺设沥青瓦，每张瓦片不得不少于6个固定钉。

4.5.5 固定钉应将钉垂直钉入持钉层内；固定钉穿入细石混凝土持钉层的深度不应小于20mm，固定钉可穿透木质持钉层。

4.5.6 固定钉钉入沥青瓦，钉帽应与沥青瓦表面齐平。

4.5.7 大风地区或屋面坡度大于100%时，铺设沥青瓦应增加每张瓦片固定钉数量，并应在上下沥青瓦之间采用沥青基胶粘材料加强。

4.6　铺设脊瓦

4.6.1　宜将沥青瓦沿切口剪开分成三块作为脊瓦，并用两个固定钉固定，同时应用沥青胶粘材料密封。

4.6.2　脊瓦应顺年最大频率风向搭接，并搭盖两坡面沥青瓦每边不小于150mm；脊瓦与脊瓦的压盖面不小于脊瓦面积的1/2。

4.6.3　应在斜屋脊的屋檐处开始铺设并向上直到正脊。斜屋脊铺设完成后再铺设正脊，从常年主导风向的下风侧开始铺设。应在屋脊处弯折沥青瓦，并将沥青瓦的两侧固定，用沥青基胶粘材料涂改暴露的钉帽。

4.7　细部处理

4.7.1　屋脊部位

1　屋脊可采用与主瓦相配套的专用脊瓦或采用沥青瓦裁制而成。

2　正脊脊瓦外露搭接边宜顺常年风向一侧。

3　每张屋脊瓦片的两侧应各用一个固定钉，固定钉距离侧边宜为25mm。

4　外露的固定钉钉帽采用沥青基胶粘材料涂盖。

4.7.2　天沟部位

1　搭接式天沟

1）沿天沟中心线铺设一层宽度不应小于1000mm的防水垫层附加层，将外边缘固定在天沟两侧；且防水垫层铺过中心线不应小于100mm，相互搭接满粘在附加层上。

2）应从一侧铺设沥青瓦并跨过天沟中心线不小于300mm，应在天沟两侧距离中心线不小于150处，将沥青瓦用固定钉固定。

3）一侧沥青瓦铺设完后，应在屋面弹出一条平行天沟的中心线和一条距离中心线50mm的辅助线，将另一侧屋面的沥青瓦铺设至施工辅助线处。

4）修剪完沥青瓦上部边角，并用沥青基胶粘材料固定。

2　编织式天沟构造

1）沿天沟中心线铺设一层宽度不应小于1000mm的防水垫层附加层，将外边缘固定在天沟两侧；而且，防水垫层铺过中心线不应小于100mm，相互搭接满粘在附加层上。

2）在两个相互衔接的屋面上同时向天沟方向铺设沥青瓦至距离中心线75mm处，再铺设天沟处的沥青瓦，交叉搭接。搭接的沥青瓦应延伸至相邻屋面

300mm，并在距天沟中心线150mm处用固定钉固定。

3　敞开式天沟构造

1）防水垫层铺过中心线不应小于100mm，相互搭接满粘在屋面板上。

2）铺设敞开式天沟部位的泛水材料应采用不小于0.45mm的镀锌金属板或性能相似的防锈金属材料，铺设在防水垫层上。

3）沥青瓦与金属泛水用沥青基胶粘材料粘结，搭接宽度不应小于100mm。沿天沟泛水的固定钉应密封覆盖。

4.7.3　檐口部位

1　檐口部位应增设防水垫层附加层，严寒地区或大风区域，应采用自粘聚合物沥青防水垫层加强，下翻宽度不应小于100mm，屋面铺设宽度不应小于900mm；

2　应将起始瓦覆盖在塑料泛水板或金属泛水板的上方，并在底边满涂沥青基胶黏材料；

3　檐口部位沥青瓦和其实瓦之间应满涂沥青基胶粘材料。

4.7.4　钢筋混凝土檐沟部位

1　檐口部位应增设防水垫层附加层；并应延伸铺设到混凝土檐沟内。

2　铺设沥青瓦初始层，初始层沥青瓦宜裁剪掉外露部分的平面沥青瓦，自粘胶条部位靠近檐口铺设，初始层沥青瓦应伸出檐口不小于10mm。

3　从檐口向上铺设沥青瓦，第一道沥青瓦与初始层沥青瓦边缘对齐。

4.7.5　悬山部位

1　防水垫层应铺设至悬山边缘；

2　悬山部位宜采用泛水板，泛水板应固定在防水垫层上，并向屋面伸进不少于100mm，端部向下弯曲；

3　沥青瓦应覆盖在泛水上方，悬山部位的沥青瓦应用沥青基胶粘材料满粘处理。

4.7.6　立墙部位

1　阴角部位应增设防水垫层附加层；防水垫层应满粘铺设，沿立墙向上延伸不少于250mm；金属泛水板或耐候性泛水带覆盖在防水垫层上，泛水带与瓦之间应采用胶粘剂满粘；泛水带与瓦搭接应大于150mm，并应粘结在下一排瓦的顶部；非外露型泛水的立面防水垫层宜采用钢丝网聚合物水泥砂浆层保护，并用密封材料封边。

2　沥青瓦应用沥青基粘结材料满粘。

4.7.7　穿出屋面管道构造

1　阴角处应满粘铺设防水垫层附加层，附加层沿立墙和屋面铺设，宽度均不应少于 250mm；防水垫层应满粘铺设，沿立墙向上延伸不应少于 250mm；金属泛水板、耐候性自粘柔性泛水带覆盖在防水垫层上，上部迎水面泛水带与瓦搭接应大于 300mm，并应压入上一排瓦的底部；下部背水面泛水带与瓦搭接应大于 150mm；金属泛水板、耐候性自粘柔性泛水带表面可覆盖瓦材或其他装饰材料，用密封材料封边。

2　穿出屋面管道泛水可采用防水卷材或成品泛水件。

3　管道穿过沥青瓦时，应在管道周边 100mm 范围内用沥青基胶粘材料将沥青瓦满粘。

4　泛水卷材铺设完毕，应在其表面用沥青基胶粘材料满粘一层沥青瓦。

4.7.8　变形缝部位构造

1　变形缝两侧墙高出防水垫层不应少于 100mm。

2　防水垫层应包过变形缝，缝内应填不燃保温材料，在其上覆盖一层卷材并向缝中凹伸，上放圆形衬垫材料，再铺设上层的合成高分子卷材附加层，使其形成 Ω 形覆盖。变形缝顶部应加扣混凝土盖板或金属盖板，盖板的接缝处要用油膏嵌封严密。

3　高低跨变形缝在立墙泛水处，用有足够变形能力的材料和构造作密封处理。

4.8　雨后、淋水试验

检查屋面有无渗漏，可在雨后或淋水 2h 后进行。

5　质量标准

5.1　主控项目

5.1.1　沥青瓦及防水垫层的质量，应符合设计要求。

5.1.2　沥青瓦屋面不得有渗漏现象。

5.1.3　沥青瓦铺设应搭接正确，瓦片外露部分不得超过切口长度。

5.2　一般项目

5.2.1　沥青瓦所用固定钉应垂直钉入持钉层，钉帽不得外露。

5.2.2 沥青瓦应与基层粘结牢固，瓦面应平整，檐口应平直。

5.2.3 泛水做法应符合设计要求，并应顺直、整齐，结合紧密。

5.2.4 沥青瓦铺装的尺寸，应符合设计要求。

6 成品保护

6.0.1 沥青瓦屋面上禁止穿钉鞋行走。

6.0.2 沥青瓦屋面上禁止热作业和其他作业。

7 注意事项

7.1 应注意的质量问题

7.1.1 沥青瓦不应有孔洞和边缘切割不齐、裂纹、皱折等缺陷。

7.1.2 沥青瓦屋面应设置防水垫层，防水垫层在屋面构造层次中的位置应符合设计要求；防水垫层应自下而上平行屋脊铺设，并顺流水方向搭接，搭接宽度应符合施工要求。

7.1.3 大风地区和屋面坡度大于100%，沥青瓦铺设除应符合以铺钉为主、粘结为辅的固定方法外，每张沥青瓦应增加固定钉数量，上下沥青瓦之间应用沥青基胶粘材料加强。

7.1.4 严禁钉帽高于沥青瓦表面。用水泥钉、射钉固定油毡瓦时，必须带垫圈。

7.1.5 沥青瓦屋面的细部处理及其铺装有关尺寸应符合设计要求，施工质量应为全数检验。

7.2 应注意的安全问题

7.2.1 施工现场应备有消防灭火器材，严禁烟火，易燃材料应有专人保管。

7.2.2 操作人员应穿工作服、防滑鞋，并戴安全帽、手套等劳保用品。

7.2.3 屋面四周、洞口、脚手架边均应设有防护栏杆和支设安全网，防止高空作业时发生坠物伤人和坠落事故。

7.2.4 在大风及地震设防地区或屋面坡度大于100%时，瓦屋面应采取加固措施。

7.2.5 严寒和寒冷地区的檐口部位，应采取防雪融冰坠的安全措施。

7.3 应注意的绿色施工问题

7.3.1 报废的扫帚、砂纸、防水和密封材料包装物等应及时清理。

7.3.2　胶粘剂、基层处理剂应用密封桶包装，防止挥发、遗洒；沥青瓦卷材、涂料应储存在阴凉通风的室内，避免雨淋、日晒、受潮变质，并远离火源、热源。

7.3.3　防水材料的边角料应回收处理。

8　质量记录

8.0.1　沥青瓦和防水垫层出厂合格证、质量检验报告及进场复试报告。

8.0.2　隐蔽工程检查验收记录。

8.0.3　淋水或雨后试验记录。

8.0.4　沥青瓦屋面检验批质量验收记录。

8.0.5　沥青瓦屋面分项工程质量验收记录。

第20章　压型金属板屋面

本工艺标准适用于工业与民用建筑的金属压型板屋面工程。

1　引用标准

《建筑工程施工质量验收统一标准》GB 50300—2013

《屋面工程技术规范》GB 50345—2012

《屋面工程质量验收规范》GB 50207—2012

《坡屋面工程技术规范》GB 50693—2011

《钢结构工程施工质量验收规范》GB 50205—2001

《彩色涂层钢板及钢带》GB/T 12754—2006

《建筑用压型钢板》GB/T 12755—2008

《连续热镀锌钢板及钢带》GB/T 2518—2008

《连续热镀铝锌合金镀层钢板及钢带》GB/T 14978—2008

《不锈钢热轧钢板和钢带》GB/T 4237—2015

《紧固件机械性能》GB/T 3098

《建筑用硅酮结构密封胶》GB 16776—2005

《工业用橡胶板》GB/T 5574—2008

《硅酮和改性硅酮建筑密封胶》GB/T 14683—2017

《丁基橡胶防水密封胶粘带》JC/T 942—2004

2　术语

2.0.1　压型金属板（简称压型板）：薄钢板经辊压冷弯，其截面成V形、U形、梯形或类似这几种形状的波形，在建筑上用作屋面板、楼板、墙板和装饰板，也可被选为其他用途的钢板。

2.0.2　金属板屋面：采用压型金属板或金属面绝热夹芯板的建筑屋面。

3 施工准备

3.1 作业条件

3.1.1 施工前应编制施工方案或技术措施。

3.1.2 施工前应根据施工图纸和压型板板型及檩距进行深化排板图设计。

3.1.3 金属板屋面施工，应在主体结构和支承结构验收合格后进行。

3.1.4 金属板屋面的构件及配件已运进现场，经检查质量符合要求，数量满足需要，并按平面布置、安装顺序分类堆放整齐。

3.1.5 金属板屋面施工人员必须经过培训并持证上岗。

3.1.6 操作平台及移动脚手架已搭设完毕。

3.1.7 施工机械设备已进场，安装调试完毕并处于完好状态。

3.1.8 为保证施工安全，大坡度屋面在白天施工，雨天、雪天和五级风及以上大风时禁止施工。

3.2 材料及机具

3.2.1 金属板：镀层钢板、涂层钢板、铝合金板、不锈钢板和钛锌板等金属板材。

3.2.2 异型配件：堵头板、封檐板、屋脊盖板、变形缝盖板、固定支架、水落管固定件、檐沟固定件等。

3.2.3 紧固件：固定螺栓、连接螺栓、自攻螺钉、拉铆钉等。

3.2.4 密封材料：防水密封胶粘带、防水密封胶垫、硅酮耐候密封胶。

3.2.5 防水垫层

3.2.6 机具：金属板压型机、卷扬机、电焊机、手电钻、电动自攻枪、气动拉铆枪、圆盘锯、铁扁担、尼龙绳、橡皮锤、剪刀、手推胶轮车以及剪口、上弯、下弯工具。

4 操作工艺

4.1 工艺流程

测量放线 → 檩条设置 → 固定支架或支座安装 → 檐沟板安装 → 压型板安装 → 细部处理 → 防腐构造 → 雨后、淋水试验

4.2 测量放线

4.2.1 金属板屋面施工测量，应与主体结构测量相配合，轴线及标高误差应及时调整，不得积累。

4.2.2 施工过程中，应定期对金属板的安装定位基准点进行校核。

4.3 檩条设置

4.3.1 檩条的品种、规格和质量应符合设计要求及相关产品标准的规定。

4.3.2 檩条应按弹出的中心线铺设，檩条间距应符合设计要求。

4.3.3 檩条必须平直，上棱成一直线，檩条接头应设在支承结构上。

4.3.4 檩条与支承结构连接宜采用螺栓或焊接固定。

4.4 固定支架或支座安装

4.4.1 按压型金属板规格尺寸，在檩条上分别弹出安装固定支架或支座的纵向和横向中心线。

4.4.2 檩条上应设置与压型板波型相配套的专用固定支架或支座。

4.4.3 按弹出墨线准确放置固定支架或支座，并用自攻螺钉将其与檩条连接。

4.4.4 在固定支架或支座与檩条之间，应按建筑节能要求采用隔热型材或隔热垫，实现热桥部位的隔断热桥措施。

4.5 檐沟板安装

4.5.1 按施工图的泛水线排列檐沟固定件，并将其焊在檐沟托架上。

4.5.2 檐沟板安放在檐沟支架上，用连接螺栓固定在檐沟托架上。

4.5.3 檐沟板应从低处向高处铺设，纵向搭接长度不小于 150mm，接头部位采用拉铆钉连接固定，并用密封带、密封胶处理。

4.5.4 檐沟板应伸入屋面压型板的下面，其长度不应小于 100mm。

4.6 金属压型板安装

4.6.1 从檐口开始向上铺设。压型板应伸入檐沟不小于 100mm。屋脊处两坡压型板间所留空隙应不小于 80mm。

4.6.2 压型板的横向搭接宜顺主导风向；当在多维曲面上雨水可能翻越压型板板肋横流时，压型板的纵向搭接应顺流水方向。

4.6.3 压型板铺设过程中，当天就位的金属板材应及时连接固定或采用临时加固措施。

4.6.4　紧固件连接

1　铺设高波压型板时，在檩条上应设置固定支架，固定支架应采用自攻螺钉与檩条连接，连接件宜每波设置一个。

2　铺设低波压型金属板时，可不设固定支架，应在波峰处采用带防水密封胶垫的自攻螺钉与檩条连接，连接件可每波或隔波设置一个，但每块板不得少于3个。

3　压型板的纵向搭接应位于檩条处，搭接端应与檩条有可靠的连接，搭接部位应设置防水密封胶带。压型板的纵向最小搭接长度：高波压型板为350mm；低波压型板屋面坡度≤10%时，为250mm，屋面坡度≥10%时，为200mm。

4　压型板的横向搭接方向宜与主导风向一致，搭接不应小于一个波，搭接部位应设置防水密封胶带。搭接处用连接件紧固时，连接件应采用带防水密封胶垫的自攻螺钉设置在波峰上。

4.6.5　咬口锁边连接

1　压型板应搁置在固定支座上，两片金属板的侧边应确保在风吸力等因素作用下扣合或咬合连接可靠。

2　暗扣直立锁边是将压型板扣在固定支座的梅花头上，采用电动锁边机将压型板的搭接边咬合在一起。

3　在大风地区或高度大于30m的屋面，压型板应采用360°咬口锁边连接。

4　单坡尺寸过长或环境温差过大的屋面，压型板宜采用滑动式支座的360°咬口锁边连接。

4.7　细部构造

4.7.1　屋脊部位

1　屋脊处两坡压型板预留空隙，应依据屋面的热胀冷缩设计；

2　屋脊盖板在两坡面的压型板上搭盖宽度每边不应小于250mm，屋脊处应设置保温层；

3　屋脊处压型板的上端头应设置防水密封堵头和金属封边板。

4.7.2　檐口部位

1　压型板的挑檐长度宜为200～300mm，或按工程所在地风荷载计算确定；

2　檐口处压型板的下端头应设置防水密封堵头和金属封边板；

3 压型板伸入檐沟内的长度不宜小于 100mm。

4.7.3 山墙部位

1 压型板与墙体交接处，应设置自粘柔性泛水带和金属泛水板；

2 自粘柔性泛水带的宽度不应小于 500mm；

3 金属泛水板与墙体的搭接高度不应小于 250mm，与压型板的搭接宽度不应小于 200mm；

4 金属泛水板的立面收头应采用金属压条钉固，并应用密封材料封严；金属泛水板与压型板宜采用拉铆钉连接；

5 山墙压顶可采用混凝土或金属制品，压顶应向内排水，坡度不应小于 5%，压顶内侧下端应作滴水处理。

4.8 防腐处理

4.8.1 镀锌钢板均需喷涂防腐涂料，选用涂料时应注意面漆和底漆的配合。

4.8.2 彩色涂层钢板表面有划伤或锈斑时，应采用相同涂料喷涂。

4.8.3 铝合金板在中等侵蚀环境使用时，应采用涂料防腐。

4.9 雨后、淋水试验

检查屋面有无渗漏，应进行雨后观测、整体或局部淋水试验，檐沟、天沟应进行蓄水试验。

5 质量标准

5.1 主控项目

5.1.1 金属板材及其辅助材料的质量，应符合设计要求。

5.1.2 金属板屋面不得有渗漏现象。

5.2 一般项目

5.2.1 金属板铺装应平整、顺滑；排水坡度应符合设计要求。

5.2.2 压型金属板的咬口锁边连接应严密、连续、平整，不得扭曲和裂口。

5.2.3 压型金属板的坚固件连接应采用带防水垫圈的自攻螺钉，固定点应设在波峰上；所有自攻螺钉外露的部位均应密封处理。

5.2.4 金属板的屋脊、檐口、泛水，直线段应顺直，曲线段应顺畅。

5.2.5 金属板铺装的允许偏差和检验方法，应符合表 20-1 的规定。

金属板铺装的允许偏差和检验方法　　表 20-1

项目	允许偏差（mm）	检验方法
檐口与屋脊的平行度	15	拉线和尺量检查
金属板对屋脊的垂直度	单坡长度的 1/800，且不大于 25	
金属板咬缝的平整度	10	
檐口相邻两板的端部错位	6	
金属板铺装的有关尺寸	符合设计要求	尺量检查

6　成品保护

6.0.1　屋面材料吊运时，应用专用吊具起吊安装，防止金属板材在吊装中变形或金属板的涂膜破坏。

6.0.2　在金属板屋面上行走，应穿不带钉的软鞋，两脚应踩在钢板的波谷部分，以免将板肋踩坏。金属板屋面的封边包角在施工过程中不得踩踏。

6.0.3　如确需在屋面上切割金属板时，应将金属铁屑随时清理干净，不可散落在板面上。

6.0.4　如需在屋面上安装其他设施时，应设隔离层，不得直接在屋面上进行锤打和加工作业。

6.0.5　在已铺屋面上水平运输时，应铺放临时脚手板，用胶轮车运送，严禁在屋面上拖运材料。

6.0.6　屋面施工期间，应对安装完毕的金属板采取保护措施；遇到大风或恶劣气候时，应采取固定和保护措施。

7　注意事项

7.1　应注意的质量问题

7.1.1　金属板材应边缘整齐，表面光滑，色泽均匀，外形规则，不得有翘曲、脱模和锈蚀等缺陷。

7.1.2　金属板铺装前，施工单位应进行深化排板设计，包括檩条及支座位置，压型板基准线控制，异形金属板制作，板的规格及排布，连接件固定方式等。

7.1.3　压型金属板屋面是建筑围护结构，当主体结构轴线和标高出现偏差时，檩条、支架或支座、金属板基准线均应及时调整。金属板施工前，必须对主体结构复测。

7.1.4　外露自攻螺钉、拉铆钉必须带防水垫圈，并应采用硅酮耐候密封胶密封。压型板、泛水板搭缝和其他可能渗水的部位，均应用密封材料封严。

7.1.5　金属板应与保温材料、防水垫层、隔汽层等同步铺设；铺设应顺直、平整、紧密。

7.1.6　以铅、铜、钢为基材的材料，应随施工随清理，不得与镀铝锌压型板接触，避免造成铝锌层的破坏而导致钢板腐蚀。

7.1.7　铺设的压型板应防止碰撞，如受重物砸击变形，变形的压型板不得使用。

7.1.8　金属板屋面的防雷体系应和主体结构的防雷体系有可靠的连接，并应符合建筑物防雷设计和施工规范的有关规定。

7.2　应注意的安全问题

7.2.1　压型板及配件吊运时，应用尼龙绳捆绑和专用吊具吊装，压型板的长度不宜超过 12m。压型板的堆放场地应平整、坚实，且应便于排除地面积水。

7.2.2　所有电动机具应按说明书及有关规程操作，操作人员应穿绝缘软底鞋、戴绝缘手套。

7.2.3　屋面周围应设防护栏，操作部位及屋檐下应挂安全网，操作人员应系安全带，防止高空坠落。

7.2.4　雨期施工期间，施工人员应注意气象信息，避免发生雷击事故。

7.3　应注意的绿色施工问题

7.3.1　报废的密封材料包装物等应及时清理。

7.3.2　胶粘剂等应用密封桶包装，防止挥发、遗洒。

7.3.3　材料的边角料应回收处理。

8　质量记录

8.0.1　金属板材及辅助材料出厂合格证、质量检验报告及进场复试报告。

8.0.2　隐蔽工程检查验收记录。

8.0.3　淋水或雨后试验记录。

8.0.4　金属压型板屋面检验批质量验收记录。

8.0.5　金属压型板屋面分项工程质量验收记录。

第21章　金属面绝热夹芯板屋面

本工艺标准适用于工业与民用建筑的金属面绝热夹芯板屋面工程。

1　引用标准

《建筑工程施工质量验收统一标准》GB 50300—2013
《屋面工程技术规范》GB 50345—2012
《屋面工程质量验收规范》GB 50207—2012
《坡屋面工程技术规范》GB 50693—2011
《建筑用金属面绝热夹芯板》GB/T 23932—2009
《建筑用压型钢板》GB/T 12755—2008
《彩色涂层钢板及钢带》GB/T 12754—2006
《连续热镀锌钢板及钢带》GB/T 2518—2008
《连续热镀铝锌合金镀层钢板及钢带》GB/T 14978—2008
《不锈钢热轧钢板和钢带》GB/T 4237—2015
《紧固件机械性能》GB/T 3098
《绝热用模塑聚苯乙烯泡沫塑料》GB/T 10801.1—2002
《绝热用挤塑聚苯乙烯泡沫塑料（XPS)》GB/T 10801.2
《绝热用岩棉、矿渣棉及其制品》GB/T 11835—2016
《绝热用玻璃棉及其制品》GB/T 13350—2017

2　术语

2.0.1　金属面绝热夹芯板（简称夹芯板)：由双金属面和粘结于两金属面之间的绝热芯材组成的自支撑的复合板材。

2.0.2　金属屋面：采用压型金属板或金属面绝热夹芯板的建筑屋面。

3 施工准备

3.1 作业条件

3.1.1 屋面主体结构施工完毕，经检查符合设计要求，并办理完验收手续。

3.1.2 金属板屋面的构件及配件已运进现场，经检查质量符合要求，数量满足需要，并按平面布置、安装顺序分类堆放整齐。

3.1.3 操作平台及移动脚手架已搭设完毕。

3.1.4 施工机械设备已进场，安装调试完毕并处于完好状态。

3.1.5 为保证施工安全，大坡度屋面应在白天施工，雨天、雪天和五级风及其以上大风时禁止施工。

3.2 材料及机具

3.2.1 夹芯板：金属面聚苯乙烯夹芯板、金属面硬质聚氨酯夹芯板、金属面岩棉、矿渣棉夹芯板、金属面玻璃棉夹芯板。

3.2.2 异形配件：金属泛水板、封檐板、屋脊盖板、变形缝盖板、屋脊盖板支架、水落管固定件、檐沟固定件等。

3.2.3 紧固件：固定螺栓、连接螺栓、自攻螺钉、拉铆钉等。

3.2.4 密封材料：防水密封胶带、硅酮耐候密封胶。

3.2.5 机具：卷扬机、手电钻、电动自攻枪、气动拉铆枪、圆盘锯、铁扁担、尼龙绳、橡皮锤、剪刀、手推胶轮车以及剪口、上弯、下弯工具。

4 操作工艺

4.1 工艺流程

檩条设置 → 檐沟板安装 → 夹芯板安装 → 细部构造 → 雨后、淋水试验

4.2 檩条设置

4.2.1 檩条铺设前应根据要求的金属板型和金属屋面深化设计进行排版图设计，并根据排版图进行檩条规格和间距确定。每块屋面板除板端应设置檩条支撑外，中间也应设置一根或一根以上檩条。

4.2.2 铺板前应先检查檩条端头固定是否牢固，不得有松动现象，檩条间距应符合设计要求。

4.2.3 檩条顶面应与坡面相平，一个坡面上所有檩条上口应在一个平面上。

4.3　檐沟板安装

4.3.1　檐沟板应从低处向高处铺设，纵向搭接长度不小于 150mm，接头部位采用拉铆钉连接固定，并用密封带、密封胶处理。

4.3.2　檐沟板应伸入屋面板的下面，其长度不小于 100mm。

4.4　夹芯板安装

4.4.1　采用屋面板压盖和带防水密封胶垫的自攻螺钉，将夹芯板固定在檩条上。

4.4.2　从檐口开始向上挂线铺设。夹芯板伸入檐沟不应小于 100mm。屋脊处两坡夹芯板间预留空隙不应小于 80mm。

4.4.3　夹芯板的纵向搭接应位于檩条处，每块板的支座宽度不应小于 50mm，支承处宜采用双檩或檩条一侧加焊通长角钢。

4.4.4　夹芯板的纵向搭接应顺流水方向，纵向搭接长度不应小于 200mm，搭接部位均应设置防水密封胶带，并应用拉铆钉连接。

4.4.5　夹芯板的横向搭接方向宜与主导风向一致，搭接尺寸应按具体板型确定，连接部位均应设置防水密封胶带，并应用拉铆钉连接。

4.5　细部构造

4.5.1　构造要求：金属夹芯板屋面屋脊构造应包括屋脊盖板、屋脊盖板支架、夹芯屋面板等。屋脊处应设置屋脊盖板支架，屋脊板与屋脊盖板支架连接，连接处和固定部位应采用密封胶封严。拼接式屋面板防水扣槽构造应包括防水扣槽、夹芯板翻边、夹心屋面板和螺钉；檐口宜挑出外墙 150～500mm。檐口部位应采用封檐板封堵，固定螺栓的螺帽应采用密封胶封严。山墙应采用槽形泛水板封盖并固定牢固。固定钉处应采用密封胶封严。屋面排气管应采用法兰盘固定于屋面，法兰盘上应设置金属泛水板，连接处用密封材料封严。

4.5.2　屋脊板、包角板及泛水板均应用镀锌薄钢板制作，长度不宜大于 2m，与夹芯板的搭接宽度不小于 200mm，沿整个横断面上作密封处理，并在封胶线上打一排防水铆钉，间距约 80mm。

4.5.3　当山墙高出屋面时，泛水板与山墙的搭接高度不小于 250mm；当山墙不高出屋面时，山墙应用异形金属板材的包角板和固定支架封严。

4.5.4　金属泛水板，变形缝盖板与金属板的搭接宽度不应小于 200mm。

4.5.5　金属板伸入檐沟、天沟内的长度不应小于 100mm。金属板檐口挑出墙面的长度不应小于 200mm。

4.6　雨后、淋水试验

检查屋面有无渗漏，应进行雨后观测、整体或局部淋水试验，檐沟、天沟应进行蓄水试验。

5　质量标准

5.1　主控项目

5.1.1　金属板材及其辅助材料的质量，应符合设计要求。

5.1.2　金属板屋面不得有渗漏现象。

5.2　一般项目

5.2.1　金属板铺装应平整、顺滑；排水坡度应符合设计要求。

5.2.2　金属面绝热夹芯板的纵向和横向搭接，应符合设计要求。

5.2.3　金属板的屋脊、檐口、泛水，直线段应顺直。

5.2.4　金属板材铺装的允许偏差和检验方法，应符合表21-1的规定。

金属板铺装的允许偏差和检验方法　　**表21-1**

项目	允许偏差（mm）	检验方法
檐口与屋脊的平行度	15	拉线和尺量检查
金属板对屋脊的垂直度	单坡长度的1/800，且不大于25	
檐口相邻两板的端部错位	6	
金属板铺装的有关尺寸	符合设计要求	尺量检查

6　成品保护

6.0.1　屋面材料吊运时，应用专用吊具起吊安装，防止金属板材在吊装中变形或金属板的涂膜破坏。

6.0.2　在金属板材屋面上行走，应穿不带钉的软鞋，两脚应踩在钢板的波谷部分，以免将板肋踩坏。

6.0.3　如确需在屋面上切割金属板时，应将金属铁屑随时清理干净，不可散落在板面上。

6.0.4　如需在屋面上安装其他设施时，应设隔离层，不得直接在屋面上进行锤打和加工作业。

6.0.5　在已铺屋面上水平运输时，应铺放临时脚手板，用胶轮车运送，严禁在屋面上拖运材料。

7　注意事项

7.1　应注意的质量问题

7.1.1　金属板材应边缘整齐、表面光滑、色泽均匀、外形规则，不得有翘曲、脱模和锈蚀等缺陷。

7.1.2　夹芯板的四周接缝均应采用耐候丁基橡胶防水密封胶带密封。外露自攻螺钉、拉铆钉必须带防水垫圈，均应采用硅酮耐候密封胶密封。夹芯板、泛水板搭缝和其他可能渗水的部位，均应用密封材料封严。

7.1.3　铺设的夹芯板应防止碰撞，如受重物砸击变形，变形的夹芯板不得使用。

7.1.4　夹芯板之间用衬垫隔离并应分类堆放，应避免受压或机械损伤。

7.2　应注意的安全问题

7.2.1　夹芯板及配件的吊运，应用尼龙绳或专用吊具捆牢、吊运，并按规定位置堆放，不得超载。

7.2.2　所有电动机具应按说明书及有关规程操作，操作人员应穿绝缘软底鞋、戴绝缘手套。

7.2.3　屋面周围应设防护栏，操作部位及屋檐下应挂安全网，操作人员应系安全带，防止高空坠落。

7.3　应注意的绿色施工问题

7.3.1　报废的密封材料包装物等应及时清理。

7.3.2　胶粘剂等防止挥发、遗洒；夹芯板应储存在阴凉通风的室内，避免雨淋、日晒、受潮变质，并远离火源、热源。

7.3.3　材料的边角料应回收处理。

8　质量记录

8.0.1　金属板材及辅助材料出厂合格证和质量检验报告。

8.0.2　隐蔽工程检查验收记录。

8.0.3　淋水或雨后试验记录。

8.0.4　金属板材屋面检验批质量验收记录。

8.0.5　金属板材屋面分项工程质量验收记录。

第22章 玻璃采光顶

本工艺标准适用于工业与民用建筑的玻璃采光顶工程。

1 引用标准

《建筑工程施工质量验收统一标准》GB 50300—2013

《屋面工程技术规范》GB 50345—2012

《屋面工程质量验收规范》GB 50207—2012

《建筑玻璃采光顶》JC/T 231—2007

《建筑用安全玻璃　第2部分：钢化玻璃》GB 15763.2—2005

《建筑用安全玻璃　第3部分：夹层玻璃》GB 15763.3—2009

《半钢化玻璃》GB/T 17841—2008

《铝合金建筑型材》GB 5237—2012

《幕墙玻璃接缝用密封胶》JC/T 882—2001

《建筑用硅酮结构密封胶》GB 16776—2005

《中空玻璃用弹性密封胶》GB/T 29755—2013

《中空玻璃用丁基热熔密封胶》JC/T 914—2014

《建筑幕墙用钢索压管接头》JG/T 201—2007

2 术语

2.0.1 玻璃采光顶：由玻璃透光板与支撑体系组成的屋顶。

3 施工准备

3.1 作业条件

3.1.1 应编制施工方案或技术措施。

3.1.2 钢结构，钢筋混凝土结构及砖混结构等主体工程的施工，应符合有关规范的规定。并办理完验收手续。

3.1.3　玻璃采光顶支承结构的预埋件应位置准确，安装牢固，埋件的标高差不应大于 10mm，埋件位置与设计位置偏差不应大于 20mm。

3.1.4　玻璃采光顶的支承构件、玻璃及其配套的紧固件、连接件、密封材料，其材料的品种、规格和性能应符合设计要求和有关标准的规定。

3.1.5　玻璃采光顶应采用支承结构找坡，排水坡度不宜小于 5%。

3.1.6　操作平台及移动脚手架专项方案已经完成报送审批，并已搭设完毕。

3.1.7　垂直运输等所有施工机械设备已进场，施工机具在使用前应进行严格检验。安装调试完毕并处于完好状态。

3.1.8　为保证施工安全，大坡度屋面应在白天施工，雨天、雪天和五级风及其以上大风时禁止施工。

3.2　材料及机具

3.2.1　钢材

1　玻璃采光顶支承结构使用的钢材：包括碳素结构钢、低合金结构钢、耐候钢、不锈钢等型材和板材。

2　主梁和次梁等受力杆件，其截面受力部位的壁厚应经计算确定，且钢型材壁厚不得小于 3.5mm。

3　碳素结构钢和低合金结构钢应进行有效的防腐处理。

3.2.2　铝材

1　玻璃采光顶支承结构使用的铝材：包括铝合金建筑型材、铝合金轧制板材。

2　主梁和次梁等受力构件，其截面受力部位的壁厚应经计算确定，且铝合金型材壁厚不得小于 3.0mm。

3　铝型材应采用高精度级，型材表面处理质量应符合相关规定。

3.2.3　玻璃

1　采光顶玻璃的玻璃面板应采用安全玻璃，宜采用夹层玻璃或夹层中空玻璃。玻璃原片应据设计要求选用，且单片玻璃厚度不宜小于 6mm；夹层玻璃的玻璃原片厚度不宜小于 5mm。

2　夹层玻璃应采用聚乙烯缩丁醛（PVB）干法加工合成，其玻璃原片的厚度相差不宜大于 2mm，PVB 胶片的厚度不应小于 0.76mm。

3　中空玻璃的气体层厚度不应小于 12mm，中空玻璃应采用双道密封，隐框、半隐框及点支承安装时玻璃的二道密封应采用硅酮结构密封胶。

3.2.4　紧固件、连接件

1　紧固件：螺栓、螺钉、拉铆钉等；连接件：点支式驳接系统的驳接头、爪件、玻璃夹具等。

2　除不锈钢外，其他钢材的五金件应进行表面热浸锌或其他防腐处理。

3　玻璃采光顶中与铝合金型材接触的五金件，应采用不锈钢材或铝制品。

3.2.5　密封材料

1　橡胶制品宜采用三元乙丙橡胶、氯丁橡胶；密封胶条应挤出成型，橡胶块宜压模成形。

2　玻璃接缝密封胶宜选用 25 级低模量产品，且保证共位移能力大于接缝位移量。

3　硅酮结构密封胶应采用高模数中性胶；使用前，应对硅酮结构密封胶与所接触材料做相容性试验和粘结剥离试验。

3.2.6　其他材料

1　单组分硅酮结构密封胶配合使用低发泡间隔双面胶带，应具有透气性。

2　填充材料宜用聚乙烯泡沫棒，其密度不应大于 37kg/m³。

3.2.7　机具

塔吊、吊车、玻璃吸盘安装机、手电钻、改锥、电动改锥、玻璃吸盘、铁扁担、电焊机、手动攻丝机、胶枪、电锤、橡皮锤、导链、上弯、下弯工具、水平仪、经纬仪、激光仪、靠尺、直角尺、钢卷尺。

4　操作工艺

4.1　工艺流程

测量放线 → 支承构件制作 → 支承构件安装 → 玻璃面板组装 → 收口连接 → 注胶及清理 → 雨后、淋水试验

4.2　测量放线

4.2.1　根据玻璃采光顶的结构布置图和三维示意图，应对玻璃采光顶的分格线进行施工测量，并采用双向闭合校核平面位置及标高。

4.2.2 玻璃采光顶的施工测量应与主体结构测量相配合，测量偏差应及时调整，不得积累。施工过程中应定期对采光顶的安装定位基准点进行校核。

4.3 支承构件制作

4.3.1 支承构件所用材料的品种、规格和性能应符合设计要求。

4.3.2 严格按照图纸和工艺文件的要求进行放样下料。

4.3.3 掌握构件的焊接收缩余量及安装现场施工所需要的余量。

4.3.4 根据板材的厚度、切割设备的性能要求及切割用气体等选择合适的工艺参数，切割面的平直度、线形度、光洁度等应符合要求。

4.3.5 构件冷矫正的环境温度：碳素结构钢不宜低于－16℃；低合金钢不宜低于－12℃。

构件热矫正的最低加热温度：碳素结构钢不宜低于700℃，低合金钢不宜低于800℃。

4.4 支承构件安装

4.4.1 支承构件与主体结构之间应采用预埋件连接；预埋件位置不准确或有遗漏时，应采用其他可靠的连接措施，并应通过试验确定其承载力。

4.4.2 各支承构件之间应采用焊接连接，其焊缝长度和焊缝高度应符合设计要求，焊缝不得有咬边、焊瘤、弧坑、未焊透、未熔合、气孔、夹渣等缺陷。

4.4.3 钢结构构件及其连接部位，均应作防腐处理。

4.4.4 不同金属材料的接触面应采取隔离措施，防止电化学腐蚀。

4.4.5 钢桁架及网架结构安装就位、调整后应及时紧固；钢索杆结构的拉索、拉杆预应力施工应符合设计要求。

4.4.6 玻璃采光顶防雷装置，应设置一圈直径大于8mm圆钢作均压环，并采用直径大于8mm圆钢将均压环与主体结构引下线的接头焊接连接。铝合金构件应采用铜线与均压环的圆钢柔性连接，但接线头必须搪锡处理，接线处应采用防松垫板压紧。

4.5 玻璃面板组装

4.5.1 明框玻璃采光顶

1 玻璃与构件槽口的配合尺寸应符合设计要求和技术标准的规定。

2 玻璃四周密封胶条镶嵌应平整、密实，胶条的长度宜大于边框内槽口长度1.5%～2.0%，胶条在转角处应斜面断开，并应用粘结剂粘结牢固。

4.5.2 隐框玻璃采光顶

1 玻璃及框料粘结表面的尘埃、油渍和其他污物，应分别使用带溶剂的擦布和干擦布清除干净，并应在清洁1h内嵌填密封胶。

2 粘结材料采用硅酮结构密封胶，应嵌填饱满，并应在温度15～30℃、相对湿度50%以上、洁净的室内进行。

3 硅酮结构密封胶的粘结宽度和厚度应符合设计要求，胶缝表面应平整光滑，不得出现气泡。

4.5.3 点支承玻璃采光顶

1 应采用不锈钢驳接组件装配，不件安装前应精确定出其安装位置。

2 玻璃宜采用机械吸盘安装，并应采取必要的安全措施。

3 中空玻璃钻孔周边，应采取多道密封措施。

4 玻璃接缝应采用硅酮耐候密封胶。

4.6 收口连接

4.6.1 采光顶周边与混凝土结构衔接部位采用铝单板收口，采光顶排水通过收口铝单板进入排水沟。铝单板安装的完成面要求与采光顶玻璃在同一平面。

4.6.2 玻璃采光顶应根据设计要求采取外部排水和内部冷凝水处理措施，与建筑主体的其他防排水构造有效连接。

4.7 注胶及清理

4.7.1 注胶前玻璃接缝的密封胶接触面上附着的油污等，应用工业乙醇等清洁剂清理干净，潮湿表面应充分干燥。

4.7.2 接缝内用聚乙烯泡沫圆棒充填，并预留注胶厚度；在玻璃上沿接缝两侧粘贴防护胶带纸，使胶带纸边与接缝边齐直。

4.7.3 单组分密封胶可直接使用；多组分密封胶应根据规定的比例准确计量，并应拌合均匀。

4.7.4 用注浆枪把胶均匀注入缝内，一般应由底部逐渐充满整个接缝，并立即用胶筒滚压或刮刀刮平；隔日注胶时，先清理胶缝连接处的胶头，切除圆弧头部分，使两次注胶连接紧密。

4.7.5 确认注胶合格后，取掉防护胶带纸，清洁接触周围。

4.8 雨后、淋水试验

玻璃采光顶安装过程中应进行现场单位淋水测试和安装完毕后进行整体淋水

测试。玻璃采光顶中间或与结构之间有排水槽设计时，应进行蓄水防渗漏测试检查屋面有无渗漏。

5 质量标准

5.1 主控项目

5.1.1 采光顶玻璃及其配套材料的质量，应符合设计要求。

5.1.2 玻璃采光顶不得有渗漏现象。

5.1.3 硅酮耐候密封胶的打注应密实、连续、饱满，粘结应牢固，不得有气泡、开裂、脱落等缺陷。

5.2 一般项目

5.2.1 玻璃采光顶铺装应平整、顺直；排水坡度应符合设计要求。

5.2.2 玻璃采光顶的冷凝水收集和排除构造，应符合设计要求。

5.2.3 明框玻璃采光顶的外露金属框或压条应横平竖直，压条安装应牢固；隐框玻璃采光顶的玻璃分格拼缝应横平竖直，均匀一致。

5.2.4 点支承玻璃采光顶的支承装置应安装牢固，配合应严密；支承装置不得与玻璃直接接触。

5.2.5 采光顶玻璃的密封胶缝应横平竖直，深浅应一致，宽窄应均匀，应光滑顺直。

5.2.6 明框玻璃采光顶铺装的允许偏差和检验方法，应符合表22-1的规定。

明框玻璃采光顶铺装的允许偏差和检验方法　　表22-1

项目		允许偏差（mm）		检验方法
		铝构件	钢构件	
通长构件水平度（纵向或横向）	构件长度≤30m	10	15	水准仪检查
	构件长度≤60m	15	20	
	构件长度≤90m	20	25	
	构件长度≤150m	25	30	
	构件长度＞150m	30	35	
单一构件直线度（纵向或横向）	构件长度≤2m	2	3	拉线和尺量检查
	构件长度＞2m	3	4	
相邻构件平面高低差		1	2	直尺和塞尺检查
通长构件直线度（纵向或横向）	构件长度≤35m	5	7	经纬仪检查
	构件长度＞35m	7	9	
分格框对角线差	对角线长度≤2m	3	4	尺量检查
	构件长度＞2m	3.5	5	

5.2.7　隐框玻璃采光顶铺装的允许偏差和检验方法，应符合表 22-2 的规定。

隐框玻璃采光顶铺装的允许偏差和检验方法　　**表 22-2**

<table>
<tr><th colspan="2">项目</th><th>允许偏差（mm）</th><th>检验方法</th></tr>
<tr><td rowspan="5">通长接缝水平度
（纵向或横向）</td><td>接缝长度≤30m</td><td>10</td><td rowspan="5">水准仪检查</td></tr>
<tr><td>接缝长度≤60m</td><td>15</td></tr>
<tr><td>接缝长度≤90m</td><td>20</td></tr>
<tr><td>接缝长度≤150m</td><td>25</td></tr>
<tr><td>接缝长度>150m</td><td>30</td></tr>
<tr><td colspan="2">相邻板块的平面高低差</td><td>1</td><td>直尺和塞尺检查</td></tr>
<tr><td colspan="2">相邻板块的接缝直线度</td><td>2.5</td><td>拉线和尺量检查</td></tr>
<tr><td rowspan="2">通长接缝直线度
（纵向或横向）</td><td>接缝长度≤35m</td><td>5</td><td rowspan="2">经纬仪检查</td></tr>
<tr><td>接缝长度>35m</td><td>7</td></tr>
<tr><td colspan="2">玻璃间接缝宽度（与设计尺寸比）</td><td>2</td><td>尺量检查</td></tr>
</table>

5.2.8　点支承玻璃采光顶铺装的允许偏差和检验方法，应符合表 22-3 的规定。

点支承玻璃采光顶铺装的允许偏差和检验方法　　**表 22-3**

<table>
<tr><th colspan="2">项目</th><th>允许偏差（mm）</th><th>检验方法</th></tr>
<tr><td rowspan="3">通长接缝水平度
（纵向或横向）</td><td>接缝长度≤30m</td><td>10</td><td rowspan="3">水准仪检查</td></tr>
<tr><td>接缝长度≤60m</td><td>15</td></tr>
<tr><td>接缝长度>60m</td><td>20</td></tr>
<tr><td colspan="2">相邻板块的平面高低差</td><td>1</td><td>直尺和塞尺检查</td></tr>
<tr><td colspan="2">相邻板块的接缝直线度</td><td>2.5</td><td>拉线和尺量检查</td></tr>
<tr><td rowspan="2">通长接缝直线度
（纵向或横向）</td><td>接缝长度≤35m</td><td>5</td><td rowspan="2">经纬仪检查</td></tr>
<tr><td>接缝长度>35m</td><td>7</td></tr>
<tr><td colspan="2">玻璃间接缝宽度（与设计尺寸比）</td><td>2</td><td>尺量检查</td></tr>
</table>

6　成品保护

6.0.1　采光顶部件、玻璃面板在搬运时应轻拿轻放，严禁发生相互碰撞；采光顶部件应放在专用货架上，不得发生变形、变色、污染等现象。存放场地应平整、坚实、通风、干燥，严禁与酸碱等类物质接触。

6.0.2　玻璃采光顶施工中其表面的粘附物应及时清除。玻璃采光顶清洁时，清洁剂应符合要求，不得产生腐蚀和污染。

6.0.3　注胶完密封胶未完全固化前，不要沾染灰尘和划伤。

7　注意事项

7.1　应注意的质量问题

7.1.1　安装支承构件前，应认真核对玻璃尺寸和相应支承构件位置控制线，使两者协调一致。

7.1.2　玻璃采光顶的型材应设置集水槽，并使所用集水槽相互沟通，使玻璃下的冷凝水汇集后排放到室外或室内水落管内。

7.1.3　玻璃采光顶支承结构必须作防腐处理或型材表面处理，型材已作表面处理的可不再作防腐处理。铝合金型材与其他金属材料接触、紧固时，容易产生电化学腐蚀，应采取隔离措施。

7.1.4　隐框或半隐框采光顶玻璃组装时，玻璃四周的密封胶条应采用弹性、耐老化的密封材料，密封胶条不应用硬化、龟裂现象。

7.1.5　中空玻璃的周边以及隐框或半隐框构件的玻璃与金属框之间，都应采用硅酮结构密封胶粘结。结构胶使用前必须经过胶与相接触材料的相容性试验，确认其粘结可靠才能使用。

7.1.6　点支式采光顶玻璃组装时，在连接件与玻璃之间应设置衬垫材料，衬垫材料应具备一定的韧性、弹性、硬度和耐久性。

7.1.7　玻璃接缝密封宜选用位移能力级别为25级硅酮耐候密封胶；密封胶的嵌填深度宜为接缝宽度的50%～70%，较深的密封槽口底部应采用聚乙烯发泡材料填塞。

7.2　应注意的安全问题

7.2.1　所有电动机具应按说明书及有关规程操作，操作人员应穿防滑鞋。

7.2.2　手持玻璃吸盘和玻璃吸盘安装机使用前，应经吸附重量和吸附持续时间试验并符合施工要求。

7.2.3　高空作业要有防坠措施。

7.3　应注意的绿色施工问题

7.3.1　报废的玻璃和采光顶组件、密封材料包装物等应及时清理。

7.3.2　密封胶应用密封桶包装，储存在阴凉通风的室内，避免雨淋、日晒、受潮变质，并远离火源、热源。

7.3.3　材料的边角料应回收处理。

8　质量记录

8.0.1　采光顶玻璃及其配套材料的出厂合格证和质量检验报告。

8.0.2　隐蔽工程检查验收记录。

8.0.3　淋水或雨后试验记录。

8.0.4　玻璃采光顶检验批质量验收记录。

8.0.5　玻璃采光顶分项工程质量验收记录。